JIANZHU LANSHE

建筑览胜

乐嘉龙　**主编**

广西科学技术出版社

图书在版编目（CIP）数据

建筑览胜 / 乐嘉龙主编. —南宁：广西科学技术出版社，2012.8（2020.6重印）

（绘图新世纪少年工程师丛书）

ISBN 978-7-80619-809-4

Ⅰ. ①建… Ⅱ. ①乐… Ⅲ. ①建筑—少年读物 Ⅳ. ① TU-49

中国版本图书馆 CIP 数据核字（2012）第 203146 号

绘画新世纪少年工程师丛书

建筑览胜
JIANZHU LANSHENG

乐嘉龙　主编

责任编辑	罗煜涛	**封面设计**	叁壹明道
责任校对	谢桂清	**责任印制**	韦文印

出 版 人　卢培钊

出版发行　广西科学技术出版社

　　　　　　（南宁市东葛路 66 号　邮政编码 530023）

印　　刷　永清县晔盛亚胶印有限公司

　　　　　　（永清县工业区大良村西部　邮政编码 065600）

开　　本　700mm×950mm　1/16

印　　张　14

字　　数　180 千字

版次印次　2020 年 6 月第 1 版第 5 次

书　　号　ISBN 978-7-80619-809-4

定　　价　28.00 元

序

在21世纪，科学技术的竞争、人才的竞争将成为世界各国竞争的焦点。为此，许多国家都把提高全民的科学文化素质作为自己的重要任务。我国党和政府一向重视科普事业，把向全民，特别是向青少年一代普及科学技术、文化知识，作为实施"科教兴国"战略的一个重要组成部分。

近几年来，我国的科普图书出版工作呈现一派生机，面向青少年，为培养跨世纪人才服务蔚然成风。这是十分喜人的景象。广西科学技术出版社适应形势的需要，迅速组织开展《绘图新世纪少年工程师丛书》的编写工作，其意义也是不言自明的。

青少年是21世纪的主人、祖国的未来，21世纪我国科学技术的宏伟大厦，要靠他们用智慧和双手去建设。通过科普读物，我们不仅要让他们懂得现代科学技术，还要让他们看到更加灿烂的明天；不仅要教给他们一些基础知识，还要培养他们的思维能力、动手能力和创造能力，帮助他们树立正确的科学观、人生观和世界观。《绘图新世纪少年工程师丛书》在通俗地讲科学道理、发展史和未来趋势的同时，还贴近青少年的生活讲了一些实践知识，这是一个很好的思路。相信这对启迪青少年的思维，开发他们的潜在能力会有帮助的。

如何把高新技术讲得使青少年能听得懂，对他们有启发，对他们今后的事业有作用，这是一门学问。我希望我们的科普作家、科普编辑和科普美术工作者都来做这个事情，并且通力合作，争取为青少年提供更多内容丰富、图文并茂的科普精品读物。

《绘图新世纪少年工程师丛书》的出版，在以生动的形式向青少年读者介绍高新技术知识方面做了一次有益的尝试。我祝这套书的出版获得成功。希望广西科学技术出版社多深入青少年读者，了解他们的意见和要求，争取把这套书出得更好；我也希望我们的青少年读者勤读书、多实践，培养科学兴趣和科学爱好，努力使自己成为21世纪的栋梁之才。

周光召

编者的话

　　《绘图新世纪少年工程师丛书》是广西科学技术出版社开发的一套面向广大少年读者的科普读物。我们中国科普作家协会工交专业委员会受托承担了这套书的组织编写工作。

　　近几年来，已陆续有不少面向青少年的科普读物问世，其中也有一些是精品。我们要编写的这套书怎样定位，具有什么样的特色，以及把重点放在哪里，都是摆在我们面前的重要问题。我们认为，出版社所提出的这个选题至少有三个重要特色。第一，它是面向青少年读者的，因此我们在书的编写中应尽量选取他们所感兴趣的内容，采用他们所易于接受的形式；第二，这套书是为培养新世纪人才服务的，这就要求有"新"的特色，有时代气息；第三，顾名思义，它应偏重于工程，不仅介绍基础知识，还对一些技术的原理和应用做粗略的描述，力求做到理论联系实际，起到启迪青少年读者智慧，培养创造能力和动手能力的作用。

　　要使这套书全面达到上述要求，无疑是一项十分艰巨的任务。为了做好这项工作，向青少年读者献上一份健康向上、有丰富知识的精神食粮，我们组织了一批活跃在工交科普战线上的、有丰富创作实践经验的老科普作家，请他们担任本套书各分册的主编。大家先后在一起研讨多次，从讨论本套书的特色、重点，到设定框架和修改定稿，都反复研究、共同切磋。在此基础上形成了共识，并得到出版社的认同。这套书按大学科分类，每个学科出一个分册，每个分册均由5个"篇"组成，即历史篇、名人篇、技术篇、实践篇和未来篇。"历史篇"与

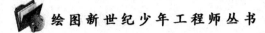
"名人篇"介绍各个科技领域的发展历程、趣闻铁事，以及为该学科的发展作出杰出贡献的人物。在这些篇章里，我们可以看到某一个学科或某一项技术从无到有，从幼稚走向成熟的过程，以及蕴含在这个过程里的科学精神、科学思想和科学方法。这些对于青少年读者都将很有启发。"技术篇"是全书的重点，约占一半的篇幅。在这一篇里，通过许多各自独立又互有联系的篇目，一一介绍该学科所涵盖的一些主要的、有代表性的技术，使读者对此有一个简单的了解。"实践篇"是这套书中富有特色的篇章，它通过一些实例、实验或应用，引导我们的读者走近实践，并增加对高新技术的亲切感。读完这一篇之后，你或许会惊喜地发现，原来高新技术离我们并不遥远。"未来篇"则带有畅想、展望性质，力图通过科学预测，向未来世纪的主人——青少年读者们介绍科技的发展趋势，以达到开阔思路、启发科学想像力和振奋精神的作用。

在这套书中，插图占有相当大的篇幅。这些插图不是为了点缀，也不只是为了渲染科学技术的气氛，更重要的是，通过形象直观的图和青少年读者所喜闻乐见的表现形式去揭示科学技术的内涵，使之与文字互为补充，互相呼应，其中有些图甚至还起到比文字更易于表达意思的作用。应约为本套书设计插图的，大都是有一定知名度的美术设计家和美术编辑。我们对他们的真诚合作表示由衷的感谢。

尽管我们在编写这套书的过程中，不断切磋写作内容和写作技巧，力求使作品趋于完美，但是否成功，还有待读者来检验。我们希望在广大读者及教育界、科技界的朋友们的帮助下，今后再有机会进一步充实和完善这套书的内容，并不断更新其表现形式。愿这套书能陪伴青少年读者度过他们一生中最美好的时光，成为大家亲密的朋友。

这套书从组织编写到正式出版，其间虽几易其稿，几番审读，但仍难免有疏漏和不妥之处，恳请读者批评指正。我们愿与出版单位一起，把这块新开垦出来的绿地耕耘好，使它成为青少年读者流连忘返的乐土。

中国科普作家协会工交专业委员会

目 录

历史篇 …………………………………………………… (1)

  人类始祖住在何处 …………………………………… (2)

  中国民居的演变 ……………………………………… (5)

  雅典娜与雅典卫城 …………………………………… (8)

  世界古建筑奇观 ……………………………………… (11)

  水晶宫与大理石之梦 ………………………………… (14)

  建筑与文学的不解之缘 ……………………………… (17)

名人篇 …………………………………………………… (21)

  建筑工匠的祖师——鲁班 …………………………… (22)

  李冰父子与都江堰 …………………………………… (25)

  蒯祥与紫禁城的建造 ………………………………… (28)

  奥的斯与电梯的发明 ………………………………… (31)

  梁思成与《中国建筑史》 …………………………… (34)

  杰出的建筑学家贝聿铭 ……………………………… (37)

  雕塑建筑师沙里宁 …………………………………… (40)

  勒·柯布西耶与他的新建筑观 ……………………… (43)

  建筑结构大师奈尔维 ………………………………… (46)

技术篇 …………………………………………………… (49)

  说房道屋话建筑 ……………………………………… (50)

大跨度大空间的新建筑 …………………………………（52）

意趣横溢的流水别墅 ………………………………………（55）

凌空悬立的悬挂建筑 ………………………………………（58）

用塑料建房子 …………………………………………………（60）

高层建筑与芝加哥学派 …………………………………（63）

世界贸易中心大厦与帝国大厦 ………………………（66）

直冲云霄的西尔斯大厦 …………………………………（68）

亚洲摩天大楼的兴起 ………………………………………（70）

世界最高建筑落户上海浦东 …………………………（72）

钢筋混凝土在建筑上的最初应用 …………………（75）

富勒和球形建筑 ……………………………………………（78）

大跨度建筑的薄壳结构 …………………………………（81）

"吹"起来的房子 ……………………………………………（84）

独领风骚的帐篷式建筑 …………………………………（87）

童话世界般的树形住宅与立方体住宅 ……………（90）

奇妙的有声建筑 ……………………………………………（93）

钟情于天地之间的上海大剧院 ………………………（96）

功能各异的塔式建筑 ………………………………………（98）

奇特的仿生建筑 ……………………………………………（101）

先进的机场设施 ……………………………………………（104）

科学与建筑之缘 ……………………………………………（107）

会呼吸的大楼 ………………………………………………（110）

受人青睐的绿色建筑 ……………………………………（113）

都市中的一片绿洲 …………………………………………（116）

纸造的房屋 …………………………………………………（118）

"高技派"建筑 ………………………………………………（121）

冬暖夏凉的太阳房 …………………………………………（124）

建筑物的乔迁 ………………………………………………（127）

能活动的桥……………………………………………（129）

江河飞虹的跨越………………………………………（132）

世界最长的日本明石海峡大桥………………………（135）

现代城市中的桥梁……………………………………（138）

智能型校园建筑………………………………………（141）

现代都市的停车场……………………………………（144）

形形色色的地下建筑…………………………………（147）

跨海的"欧洲隧道"……………………………………（149）

入地下海建筑奇观……………………………………（152）

多姿多彩的地下铁道…………………………………（155）

会旋转的大楼…………………………………………（158）

屋顶能开启的体育馆…………………………………（160）

有头脑的建筑——智能建筑…………………………（162）

功能齐全的智能住宅…………………………………（165）

"建筑新世纪"的建筑…………………………………（168）

水晶般的玻璃幕墙建筑………………………………（171）

建筑绘画无需笔和墨…………………………………（174）

实践篇………………………………………………（177）

什么是建筑设计………………………………………（178）

楼房的结构与使用功能………………………………（180）

房屋的建造与结构……………………………………（183）

中国传统建筑的基本特征……………………………（186）

建筑模型制作…………………………………………（188）

建筑的工业化施工……………………………………（191）

自己组装住宅…………………………………………（194）

未来篇………………………………………………（197）

建造无毒的房子——生物住宅………………………（198）

未来的生态城市建筑…………………………………（201）

梦幻未来的建筑……………………………………（203）

憧憬美好的未来城市…………………………………（206）

描绘未来的城市蓝图…………………………………（211）

后　记…………………………………………………（214）

历 史 篇

　　人创造了建筑，创造了光辉灿烂的文化。这些文化也映射了人自身，映射了光辉灿烂的人类文明史。

　　房屋，它是供人们挡风遮雨进行生活活动的处所。这种处所，是人去创造的，用物质形式构成的。

　　建筑的功能、形象和它的发展历史，无一不镌刻着人类历史的足迹。古埃及的神庙所映射的是当时的社会和观念形态；古希腊的神殿映射人们的生活活动、社会制度、艺术形态及他们的思想意识；古代中国的建筑，反映了古代中国的社会面貌及诸文化形态；在现代，建筑同样也是如此。

人类始祖住在何处

距今四百多万年以前，地球上开始有了人类，当时他们生活在热带、亚热带的茂密的森林中。原始人类尽管已经适应了地面生活，但至少有相当一部分仍然住在树上。后来，到了旧石器时代，早期原始人依靠集体的力量突破森林的局限，向比较温暖的地区开拓他们的生活领域。

在我国已发现的最早的人类住所是距今约 50 万年的北京西南周口店龙骨山岩洞。那时，人类还不会盖房子，只好栖居在自然洞窟里。到目前为止，在我国发现的旧石器时代人类居住的自然洞窟有十余处。这些洞窟大部分位于湖滨或河谷；洞口一般高出水面 10～100 米；洞内比较干燥，一般为钟乳石较少的溶洞；洞口背寒风，极少有朝向东北或北方的；人们主要居住在靠近洞口的地方。

原始人在栖居自然洞窟的同时，在气温较高的沼泽地带，仍然栖居在树上。只是生活经验使他们懂得采用一些树枝、叶片等来改善栖息条件。

从山洞里走出来以后，原始营造是人类征服自然、改造自然的一个重要成就。大约到了氏族社会的时候，人们才学会盖房子，开始在地面上居住。

根据考古发掘，当时的房屋大体上有两种式样：一种是穴居，就是在地面上挖一个地穴居住；另一种是巢居。我国古文献中有不少关于巢居、穴居的追述。如韩非《五蠹》中记有："上古之世，人民少而禽兽众，人民不胜禽兽虫蛇，有圣人作，构木为巢以避群害，而民悦之，使王天下，号之曰有巢氏。"

随着生产工具的改造，农业耕作、渔猎、畜牧等生产活动的发展，氏族社会的兴盛，人们日益安居乐业，于是逐渐学会构木筑土，建造半地穴式的圆形、方形小屋和长方形大屋，渐而营造地面房屋。

位于西安东郊半坡村的半坡遗址，是我国新石器时代的重要遗址。其中，半坡早期的住房是一个直壁竖穴的半穴居，中有原木支撑，上部是一个由树木枝干搭成的方锥形屋顶，屋面涂以混有草茎之类的黄泥；半坡晚期住房已发展为长方形，外形很接近现代民居。

在浙江余姚的河姆渡，发掘出7000年前的母系氏族部落遗址，保存了许多源于巢居的干栏式建筑的遗迹。当时的人们使用石制工具，造出了长达 25 米以上的木屋。房屋都是用木桩架空地板的木结构，梁柱间榫卯接合，其构造已相当成熟和复杂。河姆渡的这种干栏式建筑，是后来南方地区普遍采用的房屋结构的祖型。

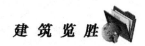

中国民居的演变

我们的祖先经过漫长探索，逐渐从天然山洞居住转化成为人造房屋定居，而且在构造房屋上积累了丰富的经验，奠定了中华民族建筑的基础。

我国古代民居建筑的发展演变，可以从近百年以前上溯到六七千年以前。

从新石器时代的仰韶文化和龙山文化遗址出土的茅棚可以看出，我国古建筑一开始就采用了框架的土木结构体系，到了商代，这种体系已初具形态了。

位于河北省石家庄市东面的藁城县，有一个小村子叫台西村，在这儿曾发现了一处商代的遗址。这个遗址一共有 10 座房基。其中除一座是半地穴式的以外，其余的全建筑在地面上。墙都是用夯土和土坯筑

以石料代替木材的其他建筑体系

成。房的梁架，用的是木料。房屋既有单间，也有双间，有的还是三间连在一起的。室内地面光滑、平坦、坚硬。据考证，房基底下用来奠基的是被奴隶主杀害的奴隶。

从陕西岐山凤雏村发现的一处西周早期宗庙建筑遗址上可以看到，当时的房屋布局相当整齐。出现了四合院、影壁、廊子、中廊、大厅，它们都是以中轴线为中心来进行布局的。墙脚用的是板筑夯土。墙面还抹了用黄土、砂子、白灰搅拌的"三合土"，有的盖有瓦。整座房屋的布局和建筑，已经接近北方流行的四合院。可见，到西周时，建筑技术水平已经相当高了。

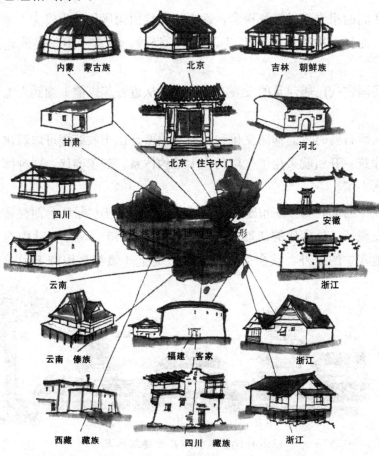

从公元前 5 世纪末的战国时期到清代后期，前后共 2300 多年，是我国封建社会时期，也是我国古代民居建筑逐渐成熟、不断发展的时期。特别是明、清时期的民居建筑，又一次形成了我国古代建筑的高潮。这一时期的建筑，有不少完好地保存到现在，例如在安徽、江苏、浙江、福建等地。

我国土地辽阔，不同地区的自然条件差别很大。长期以来，不同地区的劳动人民根据当地的条件和需要来建造房屋，形成了丰富多彩的民居式样。

南方地区气候温暖，墙体比较薄，屋面也较轻，木材用料也比较细巧，建筑外形显得轻巧玲珑。而北方地区气候寒冷，其房屋的墙体较厚，屋面较重，用料相应粗壮，建筑造型也就显得浑厚稳重。

此外，我国是一个多民族的国家，汉族人口占总人口 95％以上，还有 50 多个少数民族。除各民族聚居地区的自然条件不同、建筑材料不同外，各民族的生活习惯也不同，又有各自不同的宗教和文化艺术传统，因此在建筑上表现出不同的民族风格。

雅典娜与雅典卫城

古希腊是欧洲古文明的发源地,雅典又是希腊文化的摇篮和中心。而雅典城内的古代卫城建筑群遗迹,则被看作是古希腊灿烂文化的象征。

卫城古堡兴建于公元前 800 年伯里克利时期,距今已有 2000 多年历史。它座落在今天雅典市中心的一座小山岗上,高出阿蒂卡平原 100 多米,四壁陡峭,形势险峻。在古代,它既是战时的军事要塞,又是平时祭祀神灵的圣地。

位居古堡中心的巴特农神殿,建于公元前 5 世纪,正是希腊建筑艺术鼎盛时期。整个建筑结构严谨,比例协调。神殿呈正方形,有大理石廊柱,分前殿、正殿和后殿。在用白色大理石砌成的殿墙上,雕刻着各

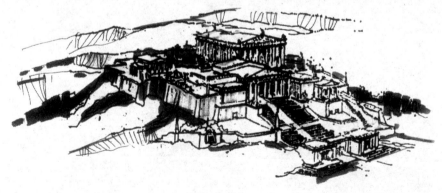

雅典卫城

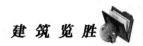

种神像和珍禽异兽。殿墙上部总长150余米的饰带，也是用大理石雕成的。东西殿顶人字墙的浮雕装饰，表现的是希腊古代神话的内容，例如，东边人字墙的浮雕描述的就是雅典娜从万神之王宙斯头部诞生出来的故事。

雅典娜是希腊神话中的智慧、技艺和战争女神。她与海神波塞冬争夺雅典时取胜，成了雅典城的保护神。在希腊艺术中，胜利女神都以有翼女性为代表，而雅典娜却无翼。这是因为在古希腊，往往要为抵御外侮而出征作战，雅典市民希望在每次战斗中都能取胜凯旋，因此希望长着翅膀的胜利女神永远不要远走高飞，于是就擅自取消了雅典娜的翅膀。

巴特农神殿原是祀奉雅典娜女神的神殿。殿里原有古希腊最伟大的雕刻家菲迪亚斯用黄金和象牙精心制作的雅典娜像。雕像头戴金盔，身穿战袍，护胸上嵌有女妖美杜莎的头；左手持矛，旁边立着一面有巨蛇盘绕的圆形盾牌；右手托着胜利女神妮克的小雕像。这座高达12米的雕像，一向被视为希腊艺术的瑰宝。遗憾的是，这件艺术珍品，于公元146年被东罗马帝国的皇帝搬走了。这座神殿几经天灾人祸，有许多建筑被毁，更有许多艺术品被运走……

古城堡中另一座辉煌的建筑，是位于巴特农神殿北侧的伊瑞克仙神殿。它建于公元前421年。殿的正面6根大理石柱子，都是女像雕刻，名为"女像柱"。殿顶的千斤巨石就压在这些女像的头上。最近，希腊考古学家为了保护这些古物不受损坏，已将原来的女像柱移到博物馆里

巴特农神殿（公元前447—431年）

去保存，而代之以复制品来支撑殿顶。

雅典卫城古堡和神殿典型地反映出古希腊的建筑艺术。古希腊建筑是以石制作的梁柱为主体的建筑形式。古希腊人一共创造了三种不同的柱式：陶立克柱式、爱奥尼柱式、科林新柱式。

经过古罗马时期和文艺复兴时期的发展，又增加了塔司干柱式和复合柱式两种建筑形式。柱式一直被奉为建筑的一种典范，延续到本世纪初叶。

世界古建筑奇观

　　埃及的金字塔、亚历山大灯塔，巴比伦的空中花园，奥林匹亚的宙斯雕像，土耳其的摩索拉斯基陵墓、阿尔忒弥斯神殿，希腊的罗德岛太阳神巨像被称为世界古建筑七大奇观。金字塔英语称为皮拉米德，意思是角锥体。金字塔是用大石块砌筑的，底是四方的，顶是尖的。它是古埃及国王、王后、亲王等皇族的大型陵墓。按照古埃及人的信仰与思想，认为人去世后才进入一个永恒的世界，所以金字塔的建筑都比宫殿、庙宇等要坚固得多。也因为有这一信仰，把今世与永世区分甚严，今世的宫殿、庙宇一般都建在尼罗河东岸，而属于永世的金字塔则建在尼罗河的西岸。

奥林匹亚的宙斯雕像

　　埃及有金字塔 70 多座。最早的金字塔是梯形金字塔，始建于公元前 2780 年。它的建筑师是一位有才干的年轻人，名叫伊姆荷太普，他为左塞王设计建造的金字塔共有 6 座，是现存的世界最古老的巨大石建筑。

　　在吉萨的 3 座金字塔高度为 146.6 米，每边长 230 米，一座金字塔所用石料估计约 230 万块，其中最重的一块约 16 吨。3 座金字塔加上塔前的巨大的狮身人面像司芬克斯，构成了开罗西郊世界闻名的游览区。

亚历山大灯塔的遗址位于埃及亚历山大城边的法罗斯岛上，是古代世界建筑奇观之一。塔底层为

吉萨金字塔群

正方形，高 60 米，灯体在塔的顶层，并有螺旋通道通向顶层。亚历山大灯塔的灯，据说是一个大型的金属镜，可以在白昼反射日光，夜晚反映月光；也有人说在塔顶上放置的是巨大的长明火盆，用反光镜反射火光，这样，远处的海船就能看见塔上的灯光，据以导航。灯塔气势雄伟，巍峨挺拔。

灯塔建于公元前 305 年，公元 7 世纪被毁，仅存一座黄灰色的石头堡垒。埃及人民在离亚历山大城 48 千米处的阿布西拉处，制作了一个缩小比例的灯塔复制品，供人们观赏作凭吊。

巴比伦的空中花园，建于公元前 604 年。当时巴比伦国王娶了一位波斯国公主，公主来自山区，而巴比伦却位于两河流域的冲积平原上，气候炎热，又缺少树木，为了排遣公主的思乡之情，国王命令工匠模仿她的故乡风光，建造了这座空中花园。

空中花园是台阶形的，水可以通过暗

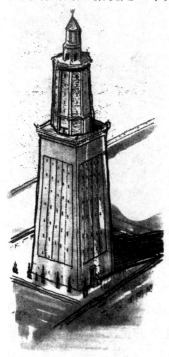

亚历山大灯塔

巴比伦空中花园里面种植着许多的草木与鲜花,这些花草特别令人感到惊叹,因为这是在沙漠腹地里栽植的。

巴比伦空中花园

管抽上来,在这里遍植着奇花异草,远望去好像是花草的小丘,近看则感到花草高悬空中。空中花园是 2500 年前巴比伦王国人民智慧的结晶。

在所有这些古建筑中,只有金字塔尚存。

水晶宫与大理石之梦

直到 19 世纪前，建筑一直以砖、瓦、木、石作为主要材料，几千年来没有多大变化，工业革命使生产力发展改变了这种情况。19 世纪中开始在建筑中使用铸铁和钢，19 世纪末开始使用混凝土和钢筋混凝土。

钢材和大片玻璃窗在今天已习以为常，但在 1851 年首次被用于英国博览会建筑时，曾引起很大的震动。该建筑被人们誉为"水晶宫"。水晶宫建筑面积 7.4 万平方米，高三层。整个建筑大部分为铁结构，外墙和屋面为玻璃。它通体透明，内部宽敞明亮，呈现出前所未有的建筑形象。

水晶宫共用铁柱 3300 根，铁梁 2300 根，玻璃 9.3 万平方米。水晶宫在近代建筑发展史上具有重要的意义，它向人们展示出金属结构和玻璃材料在建筑中的巨大作用，显示出预制件和工业化装配结构在建

伦敦水晶宫室内

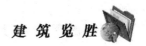

筑工程中的巨大优越性。

印度的泰姬陵是非常华丽、造价昂贵的陵墓。它用纯白大理石建成，精致美丽。印度诗人称它为"石头的诗"，也有人叫它"大理石的梦"。

泰姬陵距新德里195千米。泰姬陵是莫卧儿王朝第五代皇帝沙贾汗为其爱妻泰姬修建的。传说泰姬多情美貌，很得沙贾汗的宠爱。在一次出巡途中，她因难产而不幸去世。在临终前，沙贾汗皇帝答应为她兴建这座陵墓。

泰姬陵始建于1631年，施工期间，每天动用2万名工匠，历时20年才完成。泰姬陵背依亚穆纳河，长576米，宽293米，四周是红砂石墙。从大门到陵墓，有一条用红石铺成的直长甬道，两旁是人行道，中间有一个十字形水池，中心为喷泉。池内流水清莹透明，四周奇花异草，竹木浓荫。甬道尽头就是全部用白色大理石砌成的陵墓。

陵墓修建在一座7米高，95米长的大理石基座上，四周各有一座40米高的圆塔。登上墓顶凹廊平台，可以俯瞰亚格拉全城。泰姬陵墓建筑群的色彩沉静明丽，在湛蓝的天空下，草色青青衬托着晶莹洁白的陵墓和宝塔，在两侧赭红色的建筑物的映照下，它显得如冰如雪。清亮的倒影荡漾在澄澈的水池中。当喷泉飞溅，水雾迷濛时，它闪烁颤动、

英国伦敦水晶宫

飘忽变幻，景色尤其迷人。

泰姬陵是伊斯兰建筑艺术中的一颗光彩夺目的明珠。今天，它被看作是印度的象征之一。

泰姬陵

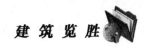

建筑与文学的不解之缘

　　建筑与文学有着源远流长的关系，建筑与文学互相补充、呼应与融合，历史上，建筑与文学早就结下了不解之缘。

　　中国文学对建筑的描写早在先秦时期便开始，《诗经》和《楚辞》中都有丰富的例证，到汉魏六朝赋中描述的建筑美已是镂金错彩，蔚为大观了。从司马相如的《上林赋》、班固的《两都赋》到张衡的《二京赋》，无不极尽铺张之能事，将我国古代的城市建设、王宫别馆、禁苑园林描写得恢宏壮观、气象万千，表明中国的文学家们已开始在宏观上

领悟建筑的美，并且从中吸取创造的灵感。

王羲之的《兰亭集序》、陶渊明的《归园田居》等更表现出文学家对建筑景观与自然景观相互渗透的深刻理解。唐宋以后，诗人们更多的注意到从优秀的建筑作品中发掘个性之美，借景抒情，如王勃的《滕王阁序》、杜牧的《阿房宫赋》、范仲淹的《岳阳楼记》、苏东坡的《醉翁亭记》中的描述等，至于诗词中的吟咏建筑、园林中的名篇佳作更是不胜枚举。直至《牡丹亭》《红楼梦》，建筑与文学的融合更是登峰造极。

巴黎圣母院

中国建筑与文学另一种独特的结合方式，便是在楼阁、庙宇、园林等建筑中随处可见的楹联、匾额、题词、碑碣。这些文学形式，往往与建筑融为一体，相映成趣，形成建筑与文学联姻的久远的中国特色。

从远古到现代，从中国到西方，建筑与文学的关系都不是单向的驱动，而是双向的互动，彼此渗透，互为补充。建筑是立体的诗篇，文学是平面上的建筑。建筑艺术的布局和创造过程，它的形式美的统一、均衡、韵律、色彩等法则都和文学创作的构思、结构相通。

北京大观园

法国文学大师雨果在《巴黎圣母院》中以大量篇幅描写了巴黎的建筑风格和圣母院的神采，其中写道：

建筑最伟大的产品是个人的作品，但更是社会上的作品；是天才的表现，更是劳动者的创作。它们是一个民族的存留物，是若干世纪的积累，更是人类社会逐步蒸发的沉积。雨果以其敏锐的洞察力，为人们留下了一份建筑思想财富，它不仅能指导人们对伟大建筑的本质的认识，且能指导人们的建筑创作实践。宁静的塞纳河、古老的石板路、宏伟的建筑外观、壮丽的室内空间……雨果的不朽名著《巴黎圣母院》为巴黎写下了永恒的"建筑文学"。

北京的大观园是按照我国的文学巨著《红楼梦》有关大观园的描写设计的。《红楼梦》中的大观园是用文学语言描述的园林建筑，它是作者曹雪芹在生活实践中吸取当时园林建筑的素材，采用传统的文学艺术手法臆造出的园林环境。

北京大观园的建造经过不少专家学者们的精心推证，园内建筑采用传统营造法，以反映出私家庄园与皇家园林的区别。建筑物全部采用了灰瓦屋顶清式做法，构建出《红楼梦》中所描写的大观园，亭台楼阁、山石湖影、曲径通幽，建筑成组成片地匀称地布置在园内，疏密有致，典雅宜人。

名 人 篇

　　建筑为人创造，建筑为人所用，建筑作为人生活的环境，对人们的影响是巨大的。当人们站在八达岭上，远眺逶迤延绵的长城，无穷的神往油然而生。长城的雄姿与多彩，孕育了多少工匠豪杰，积淀了多少优秀的文化遗产，谱写了多少壮丽的建筑篇章啊！

　　在源远流长建筑历史上，人类创造了大量无与伦比的建筑精品，也涌现了大量的建筑巨匠，如我国历史上的鲁班、李春、蒯祥、李冰父子等。中国古代建筑中的亭台楼阁，建筑有主从有韵律，既有宫殿建筑等严整的对称布局，也有园林、住宅建筑的灵活布局，形成了风格独具的建筑体系，为我们留下了宝贵的文化遗产。

　　近现代的建筑设计从匠人手中逐渐转到专业建筑师手中。他们以丰富的知识，科学的眼光，探索古代建筑的法式和规律，总结当时的实践经验，创造了一代风格。出现了格罗皮乌斯·密斯、柯布西耶、莱特等现代建筑思潮的杰出代表，还出现了一批著名建筑大师如奥的斯、伍重、贝聿铭、富勒等，他们大量的作品成为现代建筑的里程碑。

建筑工匠的祖师——鲁班

鲁班是中国古代著名的建筑工程家，被建筑工匠尊为祖师。

距今 2400 多年前，中国历史上处于春秋时代。那时候，在今天的山东西南部有个诸侯国——鲁国。鲁国出了个人才，姓公输，名般，因是鲁国人和古代"般"、"班"同音通用，所以后世称鲁班。这位鲁班自幼就生长在专门为鲁国的贵族修造车辆和制造各种木器家具的家族中，由于父兄们耐心的传授，加上他刻苦学习，长大后成了一名优秀的工匠，并有过许多的发明创造。特别是他创造了很多的生产工具，对当时的生产发展起了促进作用。

相传有一年夏天，鲁班家乡的鲁国国王要鲁班监工营造一座宫殿，期限为 3 年。那时候建造房子，一般都是用木料。鲁班计算了一下，3 年的时间，别说是盖宫殿，上山砍木料怕都来不及。国王说的话又不容易更改，鲁班愁得连觉也睡不踏实。为了加快砍伐的进度，他每天都提前上山选好要砍的树木。为节省时间，他把

每天上山的路程，从走大路改为走小路。

　　一次鲁班从小路上山，忽然，脚底一滑，身体往下溜去，号"匤急忙中伸手抓住一把野草，感到手掌心一阵疼痛。他爬上去一看，原来是一丛丝茅草，丝茅草的叶子很怪，叶子两边都长着锋利的小细齿，人手握紧它一拽，手掌就会被划破。鲁班从这件事中得到启发，心想，如果仿照丝茅草的样子，做一件边缘带有细齿的工具，用它来锯树，不就比斧头砍更快更好吗？于是，他找了铁匠师傅打制了一段薄薄的铁片，又在那铁片的边缘也打制出草叶上那样的细齿。

　　铁锯片打好了，鲁班拿它锯树，锯呀锯，只见木屑飞散，不一会儿，一棵桶口粗的树被锯倒了。锯口的树茬子，比用斧头砍的平整多了，木屑也比斧砍的要少。真是省力省时又省料。

　　后来，鲁班又发现，拿着锯片锯木料，便用起来总是不很方便。于是，鲁班从射箭的弓受到启发，加装了一个装锯片的弓形锯架，这样，锯起来就非常灵活顺手，又不容易折断锯片。经过进一步改进，将锯架改成长方形，就成了一直沿用到今天的木工锯。

　　在民间关于鲁班的传说很多，其内容大多是关于主持兴建具有高度技术性的重大工程；关于热心帮助建筑工匠解决技术难题；关于改革和发明生产工具等。

　　《汉书·古今人表》中把鲁班列在孔子之后，墨子之前。《墨子》中记载鲁班"为楚造云梯之械"，能"削木以为鹊，成而飞之"。鲁班的名字散见于先秦诸子的论述中，被誉为"鲁之巧人"。王充的《论衡》说他能造木人木马。在古代工匠中流传着《鲁班经》。这是一本民间匠师的业务用书，介绍行帮的规矩、制度以至仪式、建造房舍的工序等，说明了鲁班直尺的应用，记录了常用家具、农具的基本尺度和式样，记录了常用建筑的构架形式、名称，一些建筑的成组布局形式和名称等。

李冰父子与都江堰

　　水利是农业的命脉，历史上我国人民创造性地修筑了许多水利工程，而四川都江堰就是无数水利工程中的杰出代表。

　　都江堰位于四川西部的成都平原上，那里流势湍急的岷江从中穿过。每年春夏之交，岷江上游许多大山上的积雪融化，雪水从四面八方汇集到岷江里，造成山洪暴发；而离江较远山势较高的地方，又会缺水闹旱灾。老百姓迫切需要改变这种一边涝一边旱的现象。

　　公元前266年，秦昭襄王灭蜀之后，派李冰做蜀郡太守并主持兴修水利。李冰和他的儿子二郎在当地老乡的协助下，跋山涉水对岷江沿岸的地形和水情作了详细勘察。在李冰父子领导下，蜀郡人民经过多年的艰苦奋斗，终于修成了举世闻名的都江堰水利工程。它的成功在于非常巧妙的设计思想，以及独具匠心的施工方法。

　　既要排涝又要抗旱，怎样才能一举两得呢？李冰父子提出了分洪减灾的设计思想，就是将岷江的水分成两股，把其中的一股引到容易干旱的地方去，这样，干旱的地方由于增

都江堰全景

加了水量而逢甘霖，水涝的地方由于减少了水量而得以消灾。根据这一思想，他们选择了岷江从山区进入平原的灌县一带作堰分水，因为水流在这里减缓下来，施工比较容易。

整个分水工程有三个关键的地方，头部的地方叫鱼嘴，它是头一道大堰最尖端的地方，因为形状像一个鱼头而得名。这道大堰将岷江一分为二，在西边仍是岷江的本流，人们称之为外江，东边的叫内江，又叫都江，都江堰由此而得名。鱼嘴不仅把岷江水一分为二，而且由于它的位置和形状十分合理，它还对内江和外江的水流量起到调节作用。枯水期间内江受水六成，使内江流经的干旱地区能得到较多的水；洪水期间，内江受水四成，既不致于造成干旱地区成涝，又替外江分洪减灾，真是一举两得。

为了使内江水流得畅通，并能灌溉岷江东边缺水的土地，蜀郡人民在李冰父子的领导下，在岷江东岸的玉垒山上凿出了一个缺口——宝瓶口。宝瓶口长80米，宽20米，高40米，是控制内江灌区流量的咽喉。在宝瓶口前面，内江的右岸处，还筑了一道飞沙堰，它的作用是排泄进入内江的过量洪水和一部分泥沙，当内江水位在正常位置时，它的流量正好能满足下游春耕时的农田浇灌需要。夏季洪水到来时，内江水位上涨到一定位置后，洪水便会自动地翻过低低的飞沙堰，泄往外江。最巧妙的是，飞沙堰故意筑得不十分牢固，它在特大洪水到来时就变成了一个溢洪道。飞沙堰与宝瓶口两者的联合作用，保证了岷江东岸的灌区春天时不缺水，夏天洪水时不被淹。

除了设计思想非常巧妙之外，都江堰工程的施工方法也是独具匠心的。修堤筑堰用什么材料呢？开始，他们把卵石运到江心，堆砌成堰，可是没几天就被江水冲垮了。后来，李冰父子提出，改用竹条编成大笼子，里面装卵石，互相叠接，既可以防止卵石被水冲走，又可避免堤堰断裂。这样一来，堤堰筑成金字塔形，十分牢固可靠。

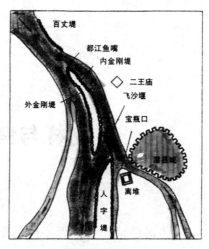

都江堰示意图

都江堰自修筑至今已有两千多年了，四川人民为了纪念李冰父子的功绩，修了一座"二王庙"，还立了一块石碑，上面刻有治水三字经，以此来纪念李冰父子的丰功伟绩。

蒯祥与紫禁城的建造

北京是元、明、清三代的皇都，然而目前的紫禁城却不是元代建造的。元朝定都大都（即北京），而明朝建国后不久也从金陵（南京）迁都北京，但明成祖朱棣却没有住进元朝的皇宫。明成祖迁都后的第一件事就是重建皇宫，即现在的紫禁城。当时集中十万著名的工匠，征调二三十万农民和几十万军队做壮工，历时13年（1407～1420）始建成。后来皇太极进京朝见明崇祯帝时，对明皇宫无限景仰，因而清帝入京后没有把紫禁城付之一炬。清朝诸帝除了建造圆明园、热河行宫以及颐和园外，基本上没有更动过紫禁城。因此，我们现在看到的紫禁城，就是明永乐十五年（1417 年）的基本格局。

蒯祥

明永乐十九年（公元 1421年）和二十年（公元 1422 年）

太和殿是故宫建筑群中规模最大的殿堂

前后两次大火，把三大殿和乾清宫烧得片木不剩。直到明英宗正统元年（公元 1436 年）才得以重建，到正统五年（公元 1440 年）全部竣工。重建工程的设计者和主持者，名叫蒯祥。

蒯祥（1398—1481 年），江苏吴县香山人；世代木工巧

乾清宫

匠出身，被奉为江南苏式建筑"香山帮"的祖师，有"蒯鲁班"之称，祖父蒯思明技艺精湛，名闻遐迩；父亲蒯福曾主持明洪武二十五年（公元 1392 年），金陵皇宫的木作工程。永乐十五年（公元 1417 年），明皇宫初建时，年仅 20 岁、已"能至大营缮"，并享有"巧匠"美誉的蒯祥，随父应征到达北京，开始了他一生的事业，并以他的杰出成就，以木工出身而历任工部至事、工部右侍郎、工部左侍郎，官居二品，为中国官吏擢升史上独一无二的佳话。蒯祥一生受到成祖、英宗、代宗、宪宗四个皇帝的信任和器重，天顺二年（公元 1458 年），明英宗甚至赐予蒯祥的祖父和祖母"奉天诰命碑"，由此可见一斑。蒯祥在明英宗正统

紫禁城

年间（公元 1436—1449 年），负责重建太和殿、中和殿、保和殿等三大殿和乾清宫。蒯祥还设计、主持营建了南宫（亦称南内）、西苑（今北海、中海、南海等）、景陵、裕陵、五府六部、文武诸司衙署等，据史书记载："自正统以来，凡百建筑，祥无不予。"天顺末年（公元 1464 年），蒯祥规划建造裕陵（明十三陵之一），而宪宗成化元年（公元

御花园

1465 年），设计重建承天门（今天安门），则把他的成就推向了辉煌的顶峰。

奥的斯与电梯的发明

　　随着工厂与高层建筑的出现，垂直运输是建筑内部交通一个很重要的问题。这促使了升降机的发明。

　　最初的升降机仅用于工厂生产中，经过改进后逐渐用到了高层房屋中。第一座真正安全的载客升降机是在美国纽约由奥的斯所发明的蒸汽动力升降机。1857 年这座升降机被装于纽约的一家商店中。到了 1887 年奥的斯又进一步发明了电梯，并成立了奥的斯电梯公司。电梯为高层建筑的发展奠定了基础，奥的斯为此作出了贡献。

奥的斯

　　1832 年奥的斯出生在纽约附近的一个小村庄，他的父亲是一位加工铁器的工人。

　　小时候，奥的斯很喜欢做各种科学小实验，就连家里的钟坏了，他也要自己动手拆开修理。长大后，大学毕业，他几乎整天在实验室里度过。他曾这样说过："整天坐在书斋里，只凭书本上的现成公式来研究科学问题，是一种非常危险的消遣。它必然要导致错误和疏忽，而这种错误和疏忽往往使正在建立的机械理论变成荒谬可笑的无稽之谈。"

电梯传动示意图

奥的斯是个爱动脑筋的年轻人，发明升降机的时候只有 20 来岁。为了改进升降机，他搞的设计方案一个又一个地失败了，但奥的斯仍不灰心，夜以继日地工作。一天深夜，奥的斯放下手头的设计图，摆弄起缝纫机来。这是因为他联想到，用缝纫机缝衣服时，衣料正是在做一动

一停的运动，牵引机件所产生的上升或下降运动，与电梯升降机具有同样的原理。联想到电梯的升降机构，他将缝纫机的原理运用于其中，使升降机具有了可靠性和安全性。就这样，普通的缝纫机，帮助发明家解决了电梯的可靠性和安全性的难题，使电梯走向了成熟，走向了市场。

　　除垂直运行的电梯外，今天在公共场合还有自动扶梯和观光电梯。这些电梯为建筑增添了光彩。

梁思成与《中国建筑史》

1925年，正在美国宾夕法尼亚大学建筑系学习的梁思成，收到了父亲梁启超从国内寄来的一本重印的《营造法式》。这是我国北宋时期刻印的一本关于建筑标准的书，由此梁思成意识到我国北宋时期就有这样的建筑方面的专著，可见我国的建筑业发展到宋代已经比较成熟，这使他从事中国古建筑研究的信念更加坚定了。

梁思成

1928年，梁思成来到哈佛大学研究院准备完成《中国宫室史》的博士论文。在哈佛查阅了3个月的资料之后，他意识到必须回国进行实地调查，收集资料。同年，他绕道欧洲对各国的建筑作了实地考察后回到国内。

梁思成后来常对人说起，他是在这一时期才逐步认识到建筑是民族文化的结晶，也是民族文化的象征。欧洲各国的学者对本国的古建筑都有系统的整理和研究，并写出了本国的建筑史，而中国却没有自己的建筑史专著，作为一个中国的建筑师，他不能容忍让外国人来写中国建筑史。

　　回国后的梁思成，从 30 年代初开始，投身于中国古建筑的考察研究。他和中国营造学社的同事们，根据史籍和地方志中的记载，寻觅那些早已被人们所遗忘的荒寺古庙，探寻古代匠人的营造法式。

　　数年的奔波，梁思成踏访了十几个省份的 200 余个县，实地测绘了 2000 余座古建筑，基本上弄清了各类建筑在不同时期的结构和风格，积累了大量的第一手资料，其中有许多建筑是经他初次鉴定的，它们的历史和科学价值也是第一次被介绍给学术界的。如山西五台山的佛光寺，是我国现存最早的木结构建筑，它建于唐大中十一年（公元 857）年，迄今已有 1000 多年的历史。在发现佛光寺之前，日本人曾断言，中国人已不存在唐朝建筑了，要看唐代建筑只能到日本奈良去。但梁思成凭着对大量史料的分析推断，带领一行四人来到五台山地区，终于找到了佛光寺。

　　正当梁思成和同事们为多年考察的诸多收获而欢欣鼓舞时，发生了"七七事变"。日军发动的侵华战争打乱了梁思成原有的研究计划。长年的奔波劳累使梁思成贫病交加。他凭着坚强的意志，开始系统地整理数年来的考察资料，开始编写《中国建筑史》。

　　抗战中，梁思成一家经济的窘迫和工作的艰辛是难以想象的。为了全家人的生活，梁思成常常出入于宜宾的典当行，值点钱的衣物、手表、金笔都被换成食品吃掉了。在极其艰苦的条件下，梁思成凭着一台 20 多年前买下的破旧的英文打字机，打出了说明文字的初稿，又以他少年时期的美术功底，精心绘制了几十幅中国历代建筑的图版。在只有两三只灯草的菜油灯下，他经常工作到深夜。打字机的色带用尽了，他

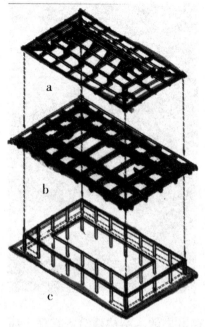

a. 屋顶骨架　b. 铺作层　c. 屋身骨架

佛光寺大殿构架分解图

就自己调制墨汁，涂在旧带子上，因写作绘图长时间伏案，他脊椎、颈椎神经病痛频频发作，有时痛得抬不起头来，他就用一个小花瓶垫在额下用以支撑头部，继续顽强写作。

十多年的心血终于凝成了世界上第一部《中国建筑史》和《中国建筑史图录》。当代中国建筑大师梁思成终于完成了由中国人写中国建筑史的历史使命，弘扬了民族文化瑰宝。

梁思成是北京人民英雄纪念碑和北京十大建筑等重要建筑的设计的领导人之一。1963年为纪念唐代高僧鉴真东渡1200周年，他作了扬州鉴真纪念堂方案设计。他为中国建筑史作出了杰出的贡献，是受人敬仰的当代建筑大师，中国科学院学部委员。他1946年创办中国清华大学建筑系，任系主任直至1972年逝世，为我国培养了一大批优秀的建筑人才。

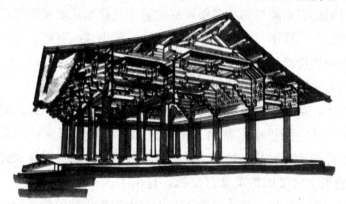

佛光寺大殿梁架结构示意图

杰出的建筑学家贝聿铭

世界建筑大师，美籍华人贝聿铭先生说过："建筑和艺术虽然有所不同，但实质上是一致的，我的目标是寻求二者的和谐统一。"事实证明，他不仅是杰出的建筑学家，更是极其理想化的建筑艺术家，善于把古代传统的建筑艺术和现代最新技术熔于一炉，从而创造出自己独特的风格。

贝聿铭于 1917 年 4 月 26 日诞生于广州，祖辈是苏州望族，父亲贝祖诒曾任中国银行行长，并于 1919 年到香港创办了中国银行香港分行。贝聿铭在香港度过了童年，后就读于上海圣

贝聿铭

约翰大学。1935 年，他远渡重洋，到美国留学。他没有遵从父命，而是依自己的爱好，进入美国宾夕法尼亚州大学，攻读建筑学。因为他在上海读书时，周末常到一家台球馆去玩台球。台球馆附近正在建造一座当时上海最高的饭店。这引起了他的好奇心："人们怎么会有建造这么高的大厦的能耐？"由此产生了学习建筑的强烈愿望。

真正使贝聿铭声名远扬，跻身于世界级建筑大师行列的，是对波士

顿的约翰·肯尼迪图书馆的设计和建造。1964年贝聿铭新颖大胆的设计方案，赢得了肯尼迪遗孀杰奎琳的赞赏。她断言："贝聿铭的唯美世界，无人可与之相比，我再三考虑后选择了他。"这座建造了15年之久于1979年落成的图书馆，由于设计新颖、造型独特、技术高超，在美国建筑界引起轰动，公认是美国建筑史上的最佳杰作之一。美国建筑学会宣布1979年是"贝聿铭年"，授于他该年度的美国建筑学会金质奖章。

其实，在约翰·肯尼迪图书馆建成的前一年——1978年，华盛顿国家艺术馆东楼的设计建造成功，便已奠定了贝聿铭作为世界级建筑大师的地位。当时的美国总统卡特在"东楼"的开幕剪彩仪式上，称赞它不但是华盛顿市和谐而周全的一部分，更是公众生活与艺术情趣之间日益增强联系的象征，称颂贝聿铭是"不可多得的杰出建筑师"。

1979年，贝聿铭接受了香山饭店的设计工作。他以一贯的认真、细致的作风，不但多次到香山勘察

麻省理工学院格林地球科学中心

地形，攀登峰顶，俯瞰周围环境，而且不辞劳苦的走访了北京、南京、扬州、苏州、承德等地，考察当地的大型建筑和园林，最后建成的香山饭店为一系列错落有致的院落式布局，与周围的水光山色、参天古树融为一体。自然美的装点，为融合民族建筑风格的现代宾馆建筑，增添了典雅、静谧与秀美的魅力。

1984年，贝聿铭特地为中银集团设计了一座70层高的香港中国银行大厦。这是当时香港最高的建筑物。这固然是因为他父亲是香港中国银行的最早创办人，使他对这项建筑设计情有独钟，但他更强调的是："这座大厦在香港是中国的象征之一，应该让它'抬抬头'，要显示出点风格和气派，这也是中国的骄傲。"

1998年贝聿铭为北京的中国银行总行大厦进行设计，再一次为他的创作生涯增添了光彩的一笔。

汉考克大厦门厅

罗浮宫的玻璃金字塔

雕塑建筑师沙里宁

沙里宁是美国现代建筑师，1910 年出生于芬兰，父亲是建筑师，母亲是雕塑家，1923 年随全家移居美国。沙里宁于 1929 年赴巴黎学习雕刻，一年后返美，1934 年毕业于美国耶鲁大学建筑系，翌年游学欧洲，回美国后，在父亲的建筑事务所工作。1950 年，父亲去世，他独自开业。1961 年沙里宁去世后，美国建筑师协会追授他金质奖章。

沙里宁受母亲影响，喜好雕塑，后学建筑，成为负有盛名的有雕塑风格的建筑师。他的作品富于独创性，不落前人窠臼，甚至

沙里宁

自己不同时期的作品，风格上也有不少差异。沙里宁的每一项建筑创作，都竭力探索最理想的方案。他在 50 年代创作的每一件作品都使崇拜者赞叹不已，但却使评论家困惑不解。沙里宁一生中没有形成自己定型的建筑风格，而是在不断创立新的风格。他说："唯一使我感兴趣的建筑是作为造型艺术的建筑，我刻意追求的也正是这个。"他对待建筑创作的态度和所留下的富于变化的独创性作品，影响深远。1939 年他同父亲合作，在华盛顿史密斯学会美术馆设计竞赛中获一等奖。1940

年父子合作又设计了伊利诺
斯州克罗岛小学，建成后获
得广泛好评，对战后小学校
舍设计有很大影响。他们父
子合作的作品多为小型建
筑，但 1948 年建成的通用
汽车公司技术中心是个例
外。这个建筑群有 25 幢建
筑物，环绕一个规整的人工
湖，湖中有带雕塑特点的
水塔。

美国耶鲁大学冰球馆

促使沙里宁走上独特发
展道路而名闻世界的是圣路
易斯市杰弗逊国家纪念碑。
这座高、宽各为 190 米的外
贴不锈钢的抛物线形拱门，
造型雄伟，线条流畅，象征
该市为美国开发西部的大

美国圣路易斯市杰弗逊纪念拱门

门，获得 1948 年设计竞赛一等奖。此碑于 60 年代建成。1958 年沙里
宁为耶鲁大学设计了冰球馆，采用悬索结构，沿球场纵轴线布置一根钢
筋混凝土拱梁，悬索分别由两侧垂下，固定在观众席上。建筑造型奔放
舒展，表达出冰球运动的速度和力量。他最令人惊奇的作品要算纽约肯
尼迪机场的美国环球航空公司候机楼，1956 年建成，建筑外形像展翅
的大鹏；屋顶由四块现浇钢筋混凝土壳体组合而成，几片壳体只在几个
点相连，空隙处布置天窗，楼内的空间富于变化。这是一个凭借现代技
术把建筑同雕塑结合起来的作品。被人们普遍认为是他的杰作的，还有
华盛顿杜勒斯国际机场候机楼。大楼为悬索屋顶，跨度 45.6 米，长度
为 182.5 米，人流沿纵向行进。沿纵向的两边是两排巨型钢筋混凝土柱

墩，一排高一排低，在相对的柱墩上由钢索相连，钢索上面铺屋面板。钢索中部下垂，这样就形成凹曲线形屋顶。柱墩向外倾斜，屋面两边向上翻起，具有很强烈的动势，建筑造型轻巧舒展。

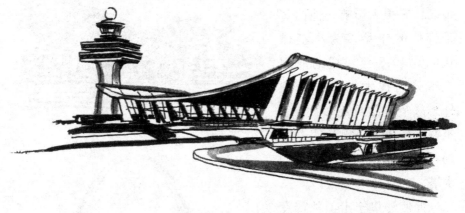

华盛顿杜勒斯国际机场候机楼

建筑采用四片薄壳组合的结构，它象征一只展翅欲飞的大鹏。

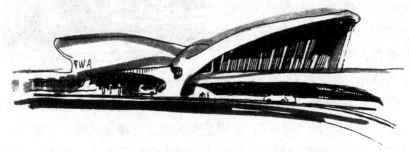

纽约肯尼迪机场美国环球航空公司候机楼

勒·柯布西耶与他的新建筑观

勒·柯布西耶是现代建筑运动的激进分子和主将，也是 20 世纪最重要的建筑大师之一。从 20 世纪 20 年代开始一直到去世，他不断以新奇的建筑观点和建筑作品，以及大量未实现的设计方案使世人感到惊奇。勒·柯布西耶是现代建筑大师中的一位狂飚式人物。

勒·柯布西耶

勒·柯布西耶于 1887 年出生于瑞士，1917 年勒·柯布西耶移居巴黎。1920 年他与新派画家和诗人合编名为《新精神》的综合性杂志。杂志的开篇写道：一个新的时代开始了，它根植于一种新的精神，是有明确目标的一种建设性和综合性的新精神。勒·柯布西耶在这个刊物上连续发表了提倡新建筑的文章。1923 年他把文章汇集出版，取名《走向新建筑》。

《走向新建筑》是一本关于现代建筑的纲领性文献，书中充满了激奋的语言，否定 19 世纪以来的因循守旧的建筑观点，主张创造表现新时代的新建筑。勒·柯布西耶说：在近 50 年中，钢铁和混凝土已占统治地位，这是结构有重大能力的标志。对建筑艺术来说，老的经典被推翻了，历史上的样式对我们来说已不复存在，一个属于我们自己的时代的样式已经兴起，这就是革命。

勒·柯布西耶提出用工业化的方法大规模建造房屋，建筑的首要任务是促进降低造价，减少房屋的组成构件，在大规模生产的基础上制造房屋的构件。同时，他又强调建筑的艺术性，强调建筑师不是工程师而是艺术家，建筑艺术超出实用的需要，建筑艺术是造型艺术。

萨伏伊别墅是勒·柯布西耶的早期作品，1930 年建成，在这个作品里，他实践了自己提出的新建筑的 5 个特点：底层有独立支柱，房屋的主要使用部分放在第 2 层以上；采用屋顶花园；建筑为自由的平面布局；横向长窗；自由式立面。这些都是采用框架结构，墙体不再承重以后产生的建筑特点。但更大的特点是表现了他的美学观点，实际上他把这座别墅当作一种艺术品进行雕刻塑造。萨伏伊别墅的外形轮廓是比较简单的，而内部空间则比较复杂，如同一个内部细巧楼空的几何体，又好像一架复杂的机器。作为建筑师，勒·柯布西耶追求的并不是机器般的功能和效率，而是机器般的造型，这种艺术趋向被称为机器美学。

1932 年建成的巴黎的瑞士学生宿舍，也是体现勒·柯布西耶设计思想的作品。这是巴黎大学区的一座学生宿舍，主体是长条形的 5 层楼，底层敞开，只有 6 对柱墩，第 2 层到第 4 层，每层有 15 间宿舍，第 5 层主要是管理人的寓所和晒台。

在这座建筑中，艺术处理上特别采用了种种对比手法，这里有玻璃墙面和实墙的对比；上部大块体同下面较小的柱墩的对比；多层建筑和

法国巴黎萨伏伊别墅

相邻的低层建筑的对比；平直墙面和弯曲墙面形体和光影的对比；方整规则的空间同带曲线的不规则的空间的对比。单层建筑的北墙是弯曲的，并且特意用天然石块砌成虎皮墙面，产生了天然和人工两种材料的不同质地和颜色的对比效果。这些对比手法使这座宿舍建筑的轮廓富有变化，增加了建筑体形的生动性。

背面

正面

法国巴黎的瑞士学生宿舍

建筑结构大师奈尔维

奈尔维是意大利著名建筑师和工程师，1913年毕业于波仑尼亚大学土木工程系，毕生致力于钢筋混凝土的性能和结构的研究与应用，运用他创造的钢丝网水泥和多种施工方法，创造出一批风格独特、形式优美、有强烈个性的建筑作品。

佛罗伦萨市体育馆是奈尔维的第一个重要作品。体育场主席台上方的雨篷悬挑24米，轮廓呈曲线形；连接上下层看台的螺旋形楼梯从看台逐层悬挑出去。

奈尔维（1891—1979）

体育场看台的结构完全暴露在外，给人以简洁清新之感。

1935年奈尔维为意大利空军设计了8座飞机库。这些飞机库都采用钢筋混凝土网状落地筒拱结构。在当时计算机技术尚未成熟的条件下，是通过模型试验对设计作出一些修正后付诸实施的。第二次世界大战末期，这些飞机库被炸毁，屋顶整个塌落下来，而现浇接头部分大多完好无损。这一整套结构方式、设计方法和预制装配技术是后来奈尔维进行创作、实践的基础。

奈尔维是钢丝网水泥壳体的发明人。这种材料就是在数层重叠的钢

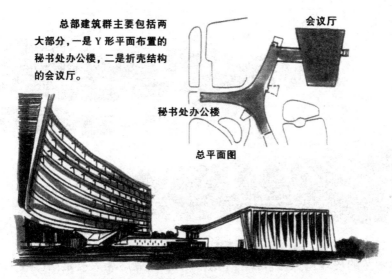

总部建筑群主要包括两大部分,一是 Y 形平面布置的秘书处办公楼,二是折壳结构的会议厅。

会议厅

秘书处办公楼

总平面图

法国巴黎的联合国教科文组织总部

丝网上涂抹数层水泥砂浆制成的,性能类似钢材,抗拉强度远远超过普通钢筋混凝土。它可以做薄壁曲面预制构件,也可做模板。奈尔维曾经用它造游艇,建仓库。1947 年他负责建造意大利都灵展览馆 B 厅,其跨度 97 米的拱形屋顶就是用钢丝网水泥预制的 V 字形断面构件,在现场拼装起来的。B 厅曾被誉为是继水晶宫以后欧洲最重要的大跨度建筑之一。自此以后,奈尔维的创作进入了成熟时期。

奈尔维为 1960 年的罗马奥运会做了一个大体育馆和一个小体育馆的结构设计。这两座建筑都是落地穹顶,它们在 B 厅和筒拱基础上有所发展,预制构件拼装的屋顶有非常美丽的图案。小体育馆尤其轻盈秀巧,建筑结构浑然天成。大体育馆的支座是倾斜的变截面柱,富于雕塑感,这是他后期作品中常用的手法。

奈尔维以设计建造预制拱顶和穹顶建筑著称,他还创造了结构独特的其他许多作品。如巴黎的联合国教科文组织总部大厦会议厅是一个折板结构,前后墙面及屋顶是一个连续的整体。奈尔维根据受力情况在屋顶部分附加一块成波浪状的连续板,不但加强了屋顶的刚度和受力性能,而且增强了朝向主席台的导向性,有利于声音的传播。此外,他设

意大利罗马体育馆

计的米兰的皮瑞里大厦和蒙特利尔的维多利亚广场大厦是两座颇不寻常的钢筋混凝土结构的高层塔楼。后者由一个巨大的钢筋混凝土内核和四角的承重柱，以及位于 3 个设备层内对角布置的桁架组成，其建筑立面因为多了横向划分而显得丰富多彩。奈尔维设计的意大利蒙图瓦造纸厂的一个车间长 250 米，宽 30 米，没有柱子，采用了悬索结构，两对人字形支座用钢丝网水泥壳体做模板，浇注后和混凝土形成整体；整个屋顶是一片连续钢桁架，用悬索吊挂在人字形支座的横梁上。他设计的意大利都灵劳动宫大厅，是由 16 根柱子支撑的 16 把结构各自独立的方形巨"伞"构成，每把"伞"覆盖 38 平方米的大厅，"伞"的柱子下部断面为十字形，上部为圆形，每块屋面之间是 2 米宽的采光带，整个建筑给人以一种粗犷的感觉。

技 术 篇

　　建筑学是技术与艺术相结合的学科，建筑的技术和艺术密切相关，相互促进。技术在建筑发展史上通常是主导的一方面，但在一定条件下，艺术又促进技术的研究。

　　就工程技术而言，建筑师总是在工程技术所提供的可行性条件下进行创作的。埃及的金字塔如果没有几何知识、测量知识和运输巨石的技术手段是无法建成的。

　　人们总是使用当时可资利用的科学技术来创建建筑文化。现代科学的发展，建筑材料、施工机械、结构技术，以及空气调节、人工照明、防火防水技术的进步，使建筑不仅可以向高空、地下、海洋发展，而且为建筑艺术创作开辟了广阔的天地。本篇将一一展示现代建筑技术的新风貌。

说房道屋话建筑

建筑学是研究建筑物及其环境的学科，旨在总结人类建筑活动的经验，以指导建筑设计创作，创造某种空间环境，其内容包括技术与艺术两个方面。传统的建筑学的研究对象包括建筑物、建筑群，以及室内设计、风景园林和城镇的规划设计。

中国古代把建筑房屋及从事土木工程活动统称为营建、营造。汉语"建筑"是一多义词，它既表示营造活动，又表示这种活动的成果——建筑物，也是某个时期的建筑、某种建筑风格的建筑物及其体现的技术和艺术的总称，如古代建筑、现代建筑、高技派建筑、未来建筑等。

"房"和"屋"现今都表示供人居住的建筑物，"房屋"还可以并列成词，但两字来源不同，本义也不尽相同。

"房"与"旁"是同源字，字义又有联系。《说文》中说："房，室在旁也。"古代房屋建筑，前部中央为堂，坐北朝南，堂的后面是室，室的东西两旁是房，东面的为东房，西面称西房。

"屋"和"喔"同出一源。《说文》中有"屋"字而无"喔"字，屋的本义是雄帐，后来屋转用作房屋的屋，房与屋由于本义不同，引申义也有差异。

房是正室两旁的房间，房的多间可供家庭成员分住，因而旧时有指妻子为房，也有指家族的分支为房，如长房、堂房、远房。现今的房泛指住房，如平房、楼房、卧房、客房等。

屋的情况有所不同，屋宇连用，屋是屋顶，宇是屋檐。成语"高屋建瓴"源之《史记》的譬喻："犹居高屋之上建瓴水也。"现今屋也泛指住房或单指房间。

人们常用"大兴土木"来表明建造房屋不是件轻而易举的事情，它意味着要耗费大量的材料、人力，并需要一定的技术。建筑工程和机电、道路、水利等工程一样，是为着某种使用上的目的，而需要通过物质材料和工程技术去实现的。

建筑工程的目的在于为人的各种活动提供良好的环境。人生大部分时间都是在和建筑物有关的各种空间（包括室内室外空间）中度过，人们不仅要求建筑物方便使用；同时也总是希望把房屋建造得美观一些，这就是建筑艺术的作用。

耗费大量的人力物力而建成的建筑物有久远的实用和观赏价值，因此，建筑艺术是人类艺术宝库中的一个独特的组成部分。

大跨度大空间的新建筑

第二次世界大战后，不断有新的建筑结构形式出现，如各种薄壳结构、折板结构、悬索结构、空间网架结构，以及橡塑充气结构等。建筑的跨度不断加大，自重不断减轻，

意大利罗马车站候车大厅

（采用悬挑结构，遮篷挑出达 20 米）

这不但为不断满足建筑的功能使用创造了条件，同时也促进了建筑形式的创新。

用钢筋混凝土可以造出和以前任何一类屋顶都不相同的新型屋顶，既方便又轻巧，造型美观奇特。这类结构是从相似于拱的原理基础上发展起来的。如美国伊利诺大学会堂的屋顶，是一个又坚固又薄的曲面结构，固定在周围的 Y 形支柱上。像这一类公众活动的场所，大的体育馆、剧场、会场等，它们不允许在内部有许多柱子阻碍公众的视线，这类房屋采用大跨度大空间的结构是非常理想的。

美国伊利诺大学多功能会堂

（采用预应力薄壳屋顶，跨度达 132 米）

壳体结构不但在力学

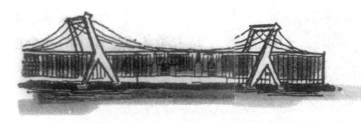

采用悬索结构造纸工厂

悉尼奥运会体操、篮球比赛馆

上有优越的性能，在声学上也有它的长处。曲面可以使声音反射到需要的方向去，这对于有音响要求的建筑，如影剧院、音乐厅、演讲厅等就更合适。

除了一些简单的圆柱面、球面外，也可以建造一些比较复杂有趣的建筑物外形，如墨西哥的霍奇米洛科餐厅，它是由 8 个马鞍形的单元组合而成，像芭蕾舞演员的短裙。这座优美别致的建筑物，以其独特的外观造型，吸引了众多的游客。

巴西议会大厦建筑中的两只碗形建筑物采用薄壳结构也是一种新的结构形式。这种屋顶和外墙连成一体的结构，没有采光通风用的窗户。现代化的建筑中全部采用灯光照明，人工照明的光线稳定而均匀，建筑内部又装有空气集中调节设备，使室内具有良好的通风与照明效果。

澳大利亚悉尼体操与篮球比赛馆是一座新建的超级穹顶建筑。它是2000 年悉尼奥运会的体操与篮球比赛的主场馆，是一个多功能的活动场所，在这里人们既可观看篮球和冰上曲棍球比赛，也可以欣赏摇滚音

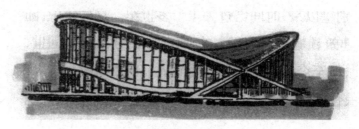

美国罗利的贸易馆

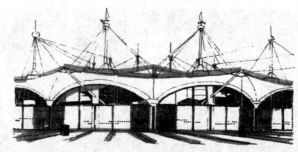

悬索张力结构的帐篷建筑

乐会和马戏团的表演。该比赛馆可容纳 2 万名观众。建筑的结构体系为悬索式钢桁架，外覆钢板屋面，在现浇混凝土地面上安装预制的座位板。比赛馆的外墙是复合铝板和玻璃幕墙，建筑外观颇有现代气息和时代特色。

比赛馆共有 4 个入口层，一层为俱乐部成员入口，两层为公共入口，还有一层是贵宾入口，在入口处设观众餐厅、酒吧、休息厅等附属设施。人们可在这里观看包括体操、篮球比赛在内的一系列奥运会比赛项目。

意趣横溢的流水别墅

在美国一处美丽的山林里，从幽静的峡谷中沿曲折的溪流而上，远远地就听到瀑布在鸣响。透过浓郁苍翠的树木的掩映，一幢建筑物在其中隐现。它从突起的高大岩石中挺伸而出，凌跃于奔泻而下的流水之上。它造型多变，纵横交错，粗糙的灰褐色毛石墙面同光滑的杏黄色水平混凝土阳台相对比，意趣横溢。

山石、流水和树木同建筑物有机结合，浑然一体，赋予它无限的生机。这一切给人以众多美的享受，使人不禁沉吟于这一代建筑名作与大自然的造物交织而成的乐章之中。

莱特

这幢建筑就是美国著名建筑师莱特设计的流水别墅。莱特素以提倡"有机建筑"而著称，流水别墅被认为是有机建筑的一个重要代表作。

自莱特 1935 年设计流水别墅以来，时间已过去半个多世纪。这些年中，随着社会的进步，技术的发展，建筑领域也发生很大的变化，新的建筑纷纷问世，新的理论、新的流派层出不穷，但至今流水别墅依然受到人们的赞誉。

流水别墅是考斯曼的私人住宅，面积约400平方米。别墅选造的地段环境十分优美，位于宾夕法尼亚州丘陵地带一条幽静的峡谷中，峡谷两侧是一片美丽的树林，底部是一条清澈的溪流。溪流曲折蜿蜒，因山石落差而跌流形成了一条奔泻直下的瀑布，附近有巨大的圆石、高耸的栎树和大片野生的杜鹃花。

莱特一来到这里，就深深地迷恋着这个优美的自然环境。他用了一整天的时间察看地形，对一些大的树木、山石作了记号。几个星期后，他把设计草图交给考夫曼。出乎考夫曼的预料之外，这房子不是设计在瀑布的对面，而是坐落在它的上方。

莱特在设计中，着重强调瀑布倾泻而下的特征，整个建筑的基本构图，以水平穿插和延伸为主，以取得同瀑布的对比，并同两岸基本上是水平向的巨大的山石取得和谐。

莱特的设计把起居室的三分之一连同左右的平台挑出在溪流之上。这使建筑物和周围的山石流水如此自然地结合在一起，以致人们几乎不知建筑物是为峡谷流水而建，还是峡谷流水为建筑而生。

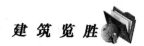

从远处看去，整座建筑物似乎是从山石中生长出来，又凌跃在溪流瀑布之上。春时的急湍瀑布，使别墅似乎更像一系列露出地面的山石；夏日的涓涓细流和茂密的树木使它显得幽邃静雅；冬天从岩石上悬挂而下的簇簇冰凌，又使它溶入了周围的水晶世界之中。

变化的四季在建筑中得到了应答，而不断更新意趣的建筑，又丰富了自然环境。

流水别墅

凌空悬立的悬挂建筑

人类从开始建造房屋以来，房屋总是造在地面上的，直到现在的十层以至上百层的高楼大厦绝大部分也都是一样。只有极少数在热带森林中某些原始部落的房屋，还建造在大树上。如果有人说，能够把二十几层的大楼悬挂起来，你一定不会相信。可是，悬挂起来的大楼确实有不少建造起来了。

悬挂人住的房屋的那棵"大树"，实际上是一座坚固的高塔，在塔的顶部伸出成对的横梁或支架，那就等于是树枝，在横梁上再挂起房屋来。为了使这种建筑容易平衡稳定，大多是挂上成对的房屋，像一个人挑水一样，挑两桶水要比挑一桶水容易平衡，两桶水的重心正好在人的肩上。悬挂式建筑大多设计成对称形式，让重心位置在中心的塔上，建筑物就稳定了。

德国的 B. M. W. 公司的大楼，就是由四座圆柱形的

加拿大温哥华通信大楼

建筑对称地挂在中间的高塔上组成。中间的塔有 25 层高，挂着的四座各 20 层高的圆柱形大楼，是各用一组粗大的钢索吊挂在从中间塔顶上伸出的挑梁支架上，就像挂着四只灯笼一般。整个建筑物都是用钢筋混凝土建造。

把这些又大、又高、又重的"庞然大物"，用钢索挂起来能行吗？有什么好处呢？总的说来，它消耗的钢材少，能增加有效的使用面积，还有很好的抗地震性能，又可以减少基础的数量，减少基础不均匀的沉降等。

我们用一个简单的比喻，就可以知道为什么能节约钢材。例如一桶水，用一根不太粗的钢丝就能把它挂起来；但是，用同样的钢丝要把这桶水顶起来，是无论如何不可能的，因为这条钢丝一受压力就会弯曲，如果要把这桶水顶起来，要用比这条钢丝粗几十倍的铁棒才有可能，而且一根铁棒还不够，至少要有三根棒一起顶，它才不会倒下去。这两种情况相差很大。我们把前面一种情况叫做钢材在"受拉"的状态，后一种情况钢材是在"受压"状态。钢材"受拉"，明显地比"受压"有利得多。

德国 B. M. W. 公司大楼

用塑料建房子

1998 年一座全新的建筑大厦矗立在美国马萨诸塞城城西的一座圆丘顶上，这幢房子是美国通用电气公司塑料制品公司建造的，是该公司旨在寻求新市场的产品陈列馆。

这幢房子展现出了建筑设计的新概念，它凝结了 50 位工程师、建筑师和产品研制开发专家的智慧。在这里，运用现代和未来材料及技术，使房屋成为一个合理布置的整体，具有花钱少、功能多的新特点。

这幢房子的结构虽然是传统的，但总共用了 20 多吨塑料制品，其中包括几种最近才研制出来，不久将会在市场上出现的产品。

这项工程的前提是探讨房屋必备功能的各种作用，将其作为一个整体来设计建造。此外，这些设计中的部件将是工厂化产品，这样就能真正做到节约费用。这项工程的目的是节省建房费用的 30％，包括营造和长期维护费用在内。

这座房屋的表面材料大都是塑料制品，但即使你走近它，也难以发现它同其他房屋有何不同。屋顶由两种不同的塑料盖板覆盖，看起来像

是灰色的杉木板。塑料盖板的一大优点是重量轻，安装容易，由大块板制成，无需垫层；另一优点是良好的阻燃性能。房屋前面的盖板是用塑料树脂和玻璃纤维化合成的，可以防火，这是目前达到的标准。

房屋墙面采用乙烯墙板的挤压成品，具有多种颜色和形状，是常用的聚氯乙烯覆上了一层高性能的经得起风吹雨淋的树脂制成的。即使是看起来像拉毛水泥的表层部分也是塑料制品，在表面上喷涂了一层丙烯酸改性水泥以遮盖接缝处。墙面富有弹性，即使小孩骑车相撞，也不会撞伤。

楼上的卧室里的窗户是夹有液晶的玻璃，不通电时，呈乳白色，不透明；当接通电流时，液晶分子会重新排列，这面窗户就与普通的玻璃窗一样，是透明的了。浴室里的塑料浴盆是吹模成型的新型塑料制成的，比玻璃钢制造的浴盆性能更好。

房间的板，外墙层由一种波纹状嵌板构成，它是由木质纤维与塑料树脂化合而成，外墙板是初级绝缘真空板，看起来像红色的陶瓷片，有良好的绝热性能。通用电气公司正开发这种材料用于未来的冰箱。波纹板的外侧是一层粉红色的泡沫塑料，它可增强墙的绝热性能并使墙更坚硬；内侧的表面是玻璃纤维，有阻燃性能，装填和上漆都很简便，不用涂刷墙面涂料。

　　柔韧的聚乙烯自来水管、电线均嵌在墙壁中预设的公用设施通道中，柔韧的管线的固定装置都是嵌入墙中的塑料匣，可按需要来确定水管的走向，不用弯曲管子，也不会出现渗漏现象，而且安置和拆装很方便。可以预言：用塑料建房屋将是新世纪建筑的一种新模式。

高层建筑与芝加哥学派

19世纪后叶在美国兴起了芝加哥学派，它是现代建筑在美国的奠基者。南北战争以后，北部的芝加哥取代了南部的圣路易斯城的位置，成为开发西部资源的前哨和东南航运与铁路的枢纽。随着城市人口的增加，芝加哥兴建了大量的大型公寓和办公楼，1873年城市发生火灾，城市重建的任务很艰巨。为了在有限的市中心区建造更多的房屋，于是现代高层建筑便开始在芝加哥出现，芝加哥学派也就应运而生。

芝加哥瑞莱斯大厦

芝加哥学派最兴盛的时期是19世纪末20世纪初，它在工业技术上的重要贡献是创造了高层金属框架结构和箱形基础，在建筑造型上趋向简洁与创造独特的风格。

芝加哥学派的创始人是詹尼。1879年他建造了第一拉埃特大厦的7层货栈，这是砖墙与铁梁的混合结构。1885年他又建造了10层框架结构的芝加哥家庭保险公司大楼。1891年伯纳姆与鲁特设计建造了蒙纳诺克大厦，这是一座用砖墙承重的16层大楼，1892年他们俩又设计了芝加哥卡匹托大厦，共22层，高91.5米。它简洁的立面与圆形的转

角，都明显地体现了适应工业时代的
建筑形式的特点。

　　著名建筑师沙利文是芝加哥学派
的一个得力支柱，他早年在麻省理工
学院学过建筑。他是一个非常重实际
的人，在当时最先提出了形式随从功
能的观点。他的代表作品是 1904 年
建造的芝加哥百货公司大厦，建筑立
面采用了典型的"芝加哥窗"形式的
网格处理手法。

　　沙利文在建筑理论上的见解是很
值得注意的。他说："自然界中的一
切东西都具有一种形状，也就是说
一种形式，一种外部的造型，于是
就告诉我们，这是些什么，以及如
何和别的东西互相区别开来。"他
认为世界上一切事物都是形式永远
随从功能，功能不变，形式就不
变。沙利文把建筑外形分成三段，
底层与二层形成一个整体，因为它
们的功能是相似的。上层是各层办
公室，外部处理通常是开成一个个

芝加哥玛丽娜公寓

芝加哥百货公司大厦

的窗子。顶部设备层可以有不同的外貌，窗户较小，并且按照传统的习
惯，加有一条压檐。典型的代表就是 1895 年在布法罗建造的信托银行
大厦。

　　沙利文的理论在当时具有一种积极的意义，它突出了功能在建筑设
计中的主要地位，明确了功能和形式的主从关系，力求摆脱形式主义。
他探讨了新技术在高层建筑中的应用，并取得了一定的成就，因此使芝加哥成了高层建筑的故乡。芝加哥学派的艺术风格反映了新技术的特点，简洁的立面符合新时代工业化的精神。

除芝加哥以外，纽约在这期间高层建筑也发展很快，1913 年建造的渥尔华斯大厦高度已达到 241米，共 52 层。在它建成之后，市政当局鉴于日照及通风的原因，制定了法规，要求高层建筑随着高度的上升空间体积渐渐成阶梯状收缩。这样一来，对 20 世纪 20～30年代纽约摩天大楼的造型有着深刻的影响。

纽约渥尔华斯大厦

世界贸易中心大厦与帝国大厦

19 世纪，世界上最高的建筑物是法国巴黎的埃菲尔铁塔。但严格来说，它只是一座特殊的建筑物。1891 年美国芝加哥市建成了 20 层的共济会大楼，可算是 19 世纪的最高楼房了。

进入 20 世纪后，随着钢铁材料和电梯的使用，一座座高耸入云的大厦如雨后春笋般地拔地而起。美国的建筑业为建造世界最高楼而展开了激烈的竞争。1909 年美国制造缝纫机的胜家公司，在纽约建成一座47 层高的 189 米的办公大楼；1930 年纽约克里斯勃大厦落成，共 77层，高 317 米；不到一年，1931 年该市中心又崛起一座世界闻名的帝国大厦，共 102 层，高 381 米。帝国大厦是名副其实的超级摩天大楼，它比埃菲尔铁塔还高出 60 米。整个大厦建筑面积 3700 万平方英尺（343.73 万平方米），总体积近 100 万立方米，总重量 30万吨，十足是个庞然大物。

世界贸易中心大厦

1972 年纽约的繁华地段，建成了两幢世界贸易中心大厦。纽约世界贸易中心占地 6.5 公顷，由 6 幢建筑组成，是著名建筑师山矶实设计的，其中两座主要建筑塔楼，每幢面积 46.6 万平方米，110 层，高 411.5 米，有 800 家贸易公司 5 万人在楼中工作，每天光顾的客人有 8 万人次。大厦中有 46 部高速电梯，114 部区间电梯，8 部货梯。客梯一部一次最多可载 55 人。有 4.36 万扇窗户，5.5 万平方米玻璃，3000 个门把手。情报中心的数据库可回答 6500 万个有关世界贸易的问题，并和世界上 100 多个贸易中心的电脑联网。大厦内每日清除厨房泔脚达 4000 立方米。每月要把 4500 升清洁剂装入盥洗室的容器中。一年要供应 7700 万条手纸帕，2.8 亿张手纸，若把它们铺开可绕地球一周。

纽约世界贸易中心的两幢塔楼，简直就是两座垂直的小城市，如果加上楼顶的广播电视天线，高度达 500 多米，这个高度几乎是埃菲尔铁塔的两倍。

帝国大厦

直冲云霄的西尔斯大厦

西尔斯大厦

建筑为人所造，供人所用。在 500 年前，要想建造100 层高的建筑或者想造出直径 200 余米、高几十米的巨大空间，根本不可能。当时的建筑生产技术与现在相比是落后的，但人们能建造那一时代的精美华丽的宫殿、教堂、庙宇、府邸，这些建筑都远远比之更古时代的原始建筑要高明。

在 20 世纪初，高层建筑兴起，它成了都市文明与财富的标志。建筑越造越高，层数越造越多，这有两方面的因素：一是可能性，即建筑技术的进步保证了高层建筑的建造；二是必要性，即新的社会需要要求在有限的地皮上造出更多的使用空间。

1931 年，在美国纽约建成的帝国大厦，首次突破了 100 层大关，达到 381 米高。这意味着建筑技术登上了一个新台阶。

随着建筑技术的发展，到 20 世纪 70 年代，帝国大厦的纪录被打破。1973 年建成的纽约世界贸易中心双体建筑，110 层，高度 411 米。与此同时，美国芝加哥的西尔斯大厦于 1970 年动工，1974 年正式建成，它的总面积为 41 万平方米，总高度 443 米，达到了芝加哥航空事业局规定的房屋高度的极限。建筑内电梯 102 部，全部建筑用钢 7.6 万吨、混凝土 5.8 万立方米。西尔斯大厦在结构上采用了抗风力的新措施和先进的空间结构体系，但不能完全克服风力的影响。在高空气流和风力作用下，建筑会产生轻微的位移，人在上部建筑中感到明显地晃动。

在西尔斯塔顶上可以眺望 100 千米以外的景色，上下温差相差 10 度，有时顶层的人们看到晴空万里，而底层的人们则在遭受风雨之苦。

美国佐治亚州亚特兰大哈埃特旅馆

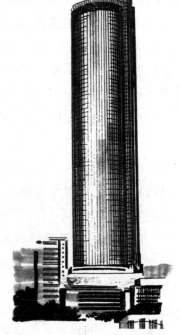

亚特兰大桃树中心广场旅馆

亚洲摩天大楼的兴起

超过 40 层或 100 米以上的建筑，称为超高层建筑，也称为摩天大楼。摩天大楼是现代社会的偶像，商业与经济繁荣的象征，20 世纪初美国摩天大楼林立，芝加哥西尔斯大厦 20 年来一直为世界之最。到了 20 世纪末，新兴的亚太地区将取代北美，顶起摩天大楼的桂冠。

如果像大哲学家哥德所言，建筑是凝固的音乐，那么盛世凯歌正在亚洲到处回荡。建筑专家坦言，摩天大楼的优势不在于便利，而在于荣耀。

日本横滨的里程碑大厦（296 米）1993 年 7 月竣工，成了日本之最，吸引了 170 万观光客，电梯运行速度世界最快。大厦是横滨与近在咫尺的东京竞争的一大资本。

深圳发展中心大厦

1992 年香港建成了 372 米高的中环广场大厦，高高的摩天楼耸立于维多利亚海湾，使香港的景色更加迷人，成为亚洲的一绝。

1995 年中国深圳耸立起了地王大厦（380 米），总建筑面积 26.97

万平方米，那高耸入云端的大厦，显示了中国改革开放的经济实力，令人耳目一新。

马来西亚人要打破美国创造的世界记录，策划了国家石油公司塔楼，1996年在吉隆坡建成了双峰式高塔（450米），比西尔斯大厦的 443 米高出 7 米。这座双峰建筑外墙是横向玻璃幕墙和金属幕墙，在建筑高度一半的 88 层，有一座天楼将双塔连接，塔内装饰伊斯兰风格图案，体现了马来西亚的民族精神。这座大楼的建筑师佩里说，他的设计体现了马来西亚生机勃勃的快速的经济发展和生机盎然的国家形象。大楼的外观造型浪漫夺目，令人回想起 30 年代的建筑装饰潮流。

深圳地王大厦

100 多层摩天楼的出现，许多人认为是够惊人的。然而建筑师却不这样看，他们凭借现代技术手段，还在设计层数更多的超级摩天大楼。它们的高度还将被不断突破。

香港中环广场大厦

吉隆坡双塔大厦

世界最高建筑落户上海浦东

　　塔可算是中国传统的高层建筑，把塔的设计思路运用到现代建筑中，使之成为具有中国特色的摩天塔，这就是1998年落成的上海金茂大厦。它是我国目前建造的最高超高层建筑，高度居世界第三位，达420米。

　　令人振奋的是另一幢世界最高建筑又将落户上海浦东，460米95层的环球金融中心大厦，它比美国芝加哥市的西尔斯大厦高17米，超过了马来西亚双塔楼的高度。

已建成的
金茂大厦

东方明珠
电视塔

金茂大厦与环球金融中心大厦

2001年建成后它将成为上海作为国际都市的一个象征。

　　金茂大厦和环球金融中心都位于浦东陆家嘴地区。金茂大厦地面以上有88层，地下3层。这幢建筑由近似正方形的底部向上，在角部逐渐内收，形成一个传统塔式建筑。运用这种强化透视学的方法，既增强了建筑的高度感，也体现了刚劲有力的优美轮廓。与塔楼形成强烈对比

金茂大厦办公层

的裙房，具有水平伸展的建筑造型，以及那独特的曲线屋顶与向上内收的外墙，使简洁的体形增色不少。

金茂大厦办公空间占据 48 层，办公楼层采用了当今世界最新技术，以创造一个现代化的可满足用户各种需求的办公平面。五星级宾馆位于 53 层至 88 层，在此可尽情欣赏黄浦江两岸最美丽的景色。客人由地面层旅馆门厅登上高速电梯直达位于 54 层的旅馆空中门厅，这里有总服务台、零售精品店、商务中心等，客人们可享用饮料点心或与亲友小聚。旅馆的 600 间客房围绕着一个高达 30 余层的中庭空间，在中庭一侧有 6 台客梯把到达空中门厅的客人送到 58 层至 85 层的客房。在 88 层观光层将可观赏上海全景，两台高速高效电梯在地下一层与 88 层之间穿梭运行。

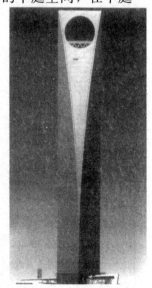
上海环球金融中心

1998 年开工的环球金融中心大厦邻近金茂大厦，下面是商务办公用房，上半部则是旅馆，顶部是观景平台，可以眺望上海美景。

环球金融中心大厦造型大胆简洁、高雅明快，具有现代建筑的气派。塔顶部的圆形孔洞，灵感源自中国传统园林艺术中的月亮门，流畅而丰富的造型，使它的姿态随观看角度的变化而变幻无穷。自然界里最寻常的几何形态方与圆，就这么被从容妥贴地结合在一起。塔

绘图新世纪少年工程师丛书

顶月亮门与东方明珠电视塔遥相呼应，同时让人在感受大楼与地面接触的巨大力感时，也体会到与天空接近时的那份轻盈。它还可以减轻塔楼所承受的风荷载，并改善整体空气力学特征。

钢筋混凝土在建筑上的最初应用

18世纪工业革命的大工业生产，为建筑技术的发展创造了良好的条件，新材料、新结构在建筑中得到了广泛试验的机会。钢和钢筋混凝土对现代建筑的发展产生了重要的影响，钢筋混凝土在19世纪末到20世纪初被广泛地采用，给建筑结构方式与建筑造型的创新提供了新的可能性。在20世纪头10年，它几乎成了一切新建筑的标志，一直到现在，它仍在建筑上起着重要作用。

巴黎庞泰路车库

钢筋混凝土的发展过程是复杂的。1774年第一次在英国艾地斯东灯塔建设中采用了石块与混凝土的混合结构得到成功，当时混凝土只是一种石灰、粘土、砂子、铁渣的混合物。1824年英国首先生产了胶性波特兰水泥，为混凝土结构的发展提供了条件。1829年曾把混凝土作为铁梁中的填充物，后来进一步发展，用混凝土制作楼板。1868年有位法国园艺家蒙涅，用铁丝网与水泥试制花坛，因而启发了建筑师拉布鲁斯特，他用交错的钢筋和混凝土建造巴黎圣日内维夫图书馆的拱顶取得了成功，这为近代钢筋混凝土结构奠定了基础。钢筋混凝土的广泛应用是在 1890 年以后，它首先在法国和美国得到发展。

法国建筑师埃内比克于 19 世纪 90 年代在莱茵城为自己建造的别墅，似乎是应用钢筋混凝土的广告。此后，包杜于 1894 年在巴黎建造的蒙玛尔特教堂，是第一个用钢筋混凝土框架建造房屋的例子。

20 世纪初著名的法国建筑师贝瑞既善于用钢筋混凝土结构材料，也善于发掘这种新材料的表现力。他最早的钢筋混凝土作品是巴黎富兰克林路 25 号公寓，建于 1903 年。这是一座 8 层钢筋混凝土框架结构，框架间填以墙板，组成了朴素大方的外表。他在巴黎还建了一座庞泰路车库和爱斯德尔服装工厂。这两座建筑都显示出钢筋混凝土结构的艺术表现力。

法国另一位建筑师夏涅也善于应用钢筋混凝土这种新结构。他规划设计的新工业城市方案，居住人口 35000 人，有明确的功能分区，建筑物均为钢筋混凝土结构，简洁的外形和排列整齐的布局，反映了他探求适应工业时代的建筑特点。

1916 年在法国巴黎近郊的奥利建造了一座巨大的飞机库，采用抛物线型的钢筋混凝土拱顶，跨度达 91 米，高度为 60 米，拱肋间有规律地布置着采光玻璃，具有别致的装饰效果。

瑞士著名工程师马亚设计过许多新颖的钢筋混凝土桥梁。这些桥梁的轻快形式和结构应力分布是一致的，具有很好的美学效果。

所有这些新结构方案的出现，对于现代的工业厂房、飞机库、剧

巴黎效区奥地利机场飞机库

法国巴黎富兰克林路 25 号公寓

场、大型办公楼、公寓等的功能要求给予了更合理的解决，使它们的空间不再为结构所限制，可以更自由、更合理地布置建筑平面和组织空间。

富勒和球形建筑

在众多的著名建筑师中，美国的富勒是一位充满传奇色彩的人物，他具有广泛的科技兴趣，在建筑设计上有很多奇思妙想，作出了独特的发明创造，在建筑界具有很大的影响。

1967年蒙特利尔博览会美国馆

富勒从那些简单的点线关系入手，提出了一个由6个三角形构成的立体稳定结构。他把一个外边为六边形，中间有六根支杆的图形中点抬高，从而获得了一个稳定结构。在这个图形的顶端我们如果施加一定的压力，这些力将分散到其余六个点上去，而这些点可以继续向下拼装三角形，如此不断地安装下去，最终可以得到一个由简单直线构成的球体。

富勒所要得出的答案就在这里，因为球体是用最小的面积包容最大体积的形状，这意味着使用最少的材料，获取建筑的最大容积，富勒开创了一个球形建筑的天地。

从20世纪50年代起，富勒在南非指导土著人建造球形小屋解决居住困难的问题。在美国，他试制了球顶住宅以进行工业化的生产。他的预制半球体房屋甚至被五角大楼看中，利用飞机把它空投作为军用临时营房，也可用做雷达站外壳。

1967年在蒙特利尔世界博览会上，富勒设计的美国馆是用76.2米直径的半球体网架盖上透明塑料作为展览厅，大厅达 8 层楼高，成为博览会上的一大奇景。

富勒在美国的路易斯安那州设计的大圆顶是当时世界上最大的无支柱建筑，直径达 117.5 米。按照富勒的理论，圆屋顶越大，能承受的重力也越大，包含的面积越大；相对而言，所用的材料越少，成本

美国夏威夷音乐厅

越低。因此，他设想用塑胶覆盖直径达 16 千米、高度达 800 米的大球，把整个芝加哥市覆盖起来。他认为采用这种人造天穹可以使一个城市免受风吹雨打，而且可以根据生活需要创造理想的人造环境。

这些后来被称为"富勒球"的球形建筑，最初的灵感是受到一种古老玩具的启迪。这种玩具是由竹片编织的竹球，它的结构类似我们所说的球体。一个偶然的机会，富勒从缅甸得到了这样一个玩具，他立刻意识到这种竹球中包含着的科学原理。他将球带到了南非，从而研究创造了球体结构，并用于建筑中。

球形，自古以来就是艺术家讴歌的对象。柏拉图声称，他所说的形式美，指的是直线和圆，以及由直线和圆所形成的平面形的立体形。对现代绘画颇有影响的法国画家塞尚说过，画家要用圆柱体、球体和圆锥体来表现自然。富勒的球形建筑正是这些美学观点的体现。

有一次，美国夏威夷交响乐队在火奴鲁鲁公演的门票早已售罄，第二天即将演出了，可是剧场连影子也没有，场地上堆放着的只是刚运来的金属杆件，天知道音乐会是否打算在露天举行。正当人们互相打听消息时，奇迹出现了，仅仅 22 个小时之后，一座直径达 44 米的圆形音乐厅矗立在人们面前。2 小时之后，音乐会如期举行。

富勒创造的球形建筑，五彩艳丽，具有传奇色彩，深受人们的喜

爱。它们像彩球那样，纷纷飘落在世界各地，给人类的生活环境增添了一道美丽的风景。

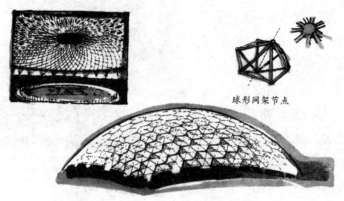

球形网架节点

莫斯科美国展览馆（圆形平面，采用了穹窿形
金属空间网架结构，屋顶重量分别传到若干个
弓形的边架上）

大跨度建筑的薄壳结构

提起薄壳结构的建筑，人们就会想起著名的罗马奥林匹克小体育馆的屋顶，这是一个又坚固又薄的曲面壳体，支撑在周围的 Y 形支柱上，这就是壳体结构。

美国蒙哥多利体育馆

薄壳屋盖不用屋架，壳体的厚度只有 4～5 厘米，它的结构形式是多样的。普通的屋顶只能做成方的、平的或者三角形的，要想做成圆的就十分复杂，要费很大功夫，而薄壳屋顶可以较方便地做成各种形状。

法国巴黎工业展览馆

不同形状的壳体，抵抗外力的能力不同，壳体所以能造得那么薄，而且又有足够的刚度，就因为它是曲面的缘故。同一种材料，虽然厚薄相同，但如果形状不同，刚度也就会有很大的不同。做一个最简单的试验：一张不厚的纸平放在两本厚

薄壳结构

书之间，纸的中间就会坠下去，不可能平挺。但是折上一两折，或者弯成曲面形状，放在两本书之间，不但这张纸能很平挺，而且在上面还可以放上几支铅笔，承受一定的重量。这说明同样的材料形状改变了，刚度也不同。

曲面的壳体受力和拱相似，主要是产生压力。拱是由小块的材料拼合而成，而曲面的壳体是连成整个一片的，在建筑上称为整体性。壳体的整体性要比拱强得多，能把压力均匀地分散到整个曲面壳体上。

我们看到的壳体多数是半圆形或椭圆球形，自然界有不少这种形状的壳体。很多植物的种子的外壳是球形的，能承受外界很大的压力，保护里面的胚体不受破坏。一些动物的卵也是球形或近似椭圆球形的，像鸡蛋，蛋壳不到 1 毫米厚，但是你把整只鸡蛋握在手掌中捏碎，则不太容易。椭圆球形有利于禽鸟在孵蛋时不至于把蛋压碎。

大跨度折板结构建筑

纸的刚度实验

薄壳结构也便于施工。它不局限于只做成某一种形状。无论是圆球形、椭圆球形、抛物线或双曲线形，只要模板做得出来，混凝土就可以浇灌出来，这很像用石膏模型浇出各种形状的玩具那样。因此，壳体屋顶结构就被广泛的应用在跨度很大的建筑物上，如车站、停车场、展览厅、天文馆、体育场等。

壳体结构不但在力学上有优越的性能，在声学上也有它的长处。曲面可以使声音反射到需要的方向去，这对于有音响要求的建筑，如影剧院、音乐厅、演讲厅等就更合适。

巴黎的联合国教科文组织总部的会议厅，采用了薄壳折板结构，从顶到底折波的深度不断减小，不论在室内或室外，钢筋混凝土结构均保持拆模后的原样。建筑师所追求的自然的建筑形式的结构，在其入口门廊的设计上也显得十分突出。特别是西南的入口门廊，是由两个基墩支承着一条很宽的拱，从拱的两侧伸出两个双曲面的壳体。整个建筑突出了壳体结构的轻盈美。

巴黎工业展览馆是一座跨度巨大的建筑，平面为三角形，每边跨度218 米，壳顶高出地面 48 米，是目前跨度最大的钢筋混凝土结构。壳体采用分段预制的双层双曲薄壳，两层薄壳之间用预应力钢筋混凝土腹板联结。由于混凝土浇注密实，壳体系处于受压状态，因此防止了屋面的漏水，壳体表面仅涂一层浅色的聚酯防水涂料。

"吹"起来的房子

今天，当你在高空鸟瞰那一望无际的北极之光时，你会惊奇地发现：在银色的北极大地上，点缀着一簇簇色彩鲜艳的花朵，有粉红色的、淡蓝色的、紫青色的，还有咖啡色的……有的形如雨伞；有的宛如一个硕大的蘑菇；还有的则像一只只酣睡着的巨大的甲虫。这些奇异美丽的"北极之花"究竟是什么呢？原来它是坐落在北极地带的特种房屋——充气建筑群，也有人形象地称之为"吹"起来的房子。

这些房屋是用特种纺织纤维材料或塑料薄膜制造的建筑物。未充气时可折叠成包。便于携带，充气后便成为一座房屋。

还在很早以前，受汽车轮胎充气后可承受千斤压力的启示，具有远见卓识的建筑师就设想：采用一种理想材料做成建筑部件，然后打进压缩空气使之变成硬邦邦的，不就成了空气"结构"的房子了吗？随着塑料薄膜等新材料的诞生，经过一番试验，这一大胆的设想终于变成了现实。

1946 年，美国首先制成了一个直径为 15 米的球形充气雷达天线罩，用来保护天线不受日晒雨淋。接着，法国用充气薄膜建成了一座面积为 1 万平方米的大油库。到了 70 年代，美国的许多大型货物仓库，也都采用了空气"结构"的建筑。

目前，世界上最大的室内体育场——美国底特律市的庞蒂亚克体育场，也完全是用空气"吹"成的。它有 20 多层楼高，面积 4 万平方米，

可容纳 8 万多观众。这座大型建筑物承受压力的墙壁和架柱，都是充进了压缩空气的薄膜套和薄膜管；屋顶也是空气塑料薄膜，表面涂一层防水材料，再喷上铝，总厚度只有 2.3 毫米，每平方米的屋顶重量不过 1.24 千克。

充气房屋具有一般建筑无法相比的优越性。第一，重量极轻，例如日本大阪博览会美国馆屋面自重只有 1.24 千克/米，仅相当于现代最先进的空间网架结构房面自重的几十分之一；第二，充气房屋的建造和拆除十分方便迅速，尤其适于做流动携带的旅行式建筑，例如美国原子能委员会的移动式展览馆，覆盖面积 3500 多平方米，只需要 12 个人用 3~4 天的时间就可以装成，充气只需 30 分钟，拆卸后的体积很小，搬运极为方便；第三，充气建筑在使用上有最大的灵活性和巨大的空间，可以随意变换布置方式，调节充气量和气压，可以任意改变空间的形状和大小，它不需要打地基，也不需要墙体和梁柱，建筑物对地面没有压力，往往因充气后自身向上漂浮，只需绳索、地面锚等固定充气建筑物。

充气建筑还具有独特的艺术魅力，造型犹如雕塑品般可以变化无穷。色彩鲜艳的透明薄膜，在阳光或灯光的辉映下，更是异常美丽。

有的建筑师筹划在 21 世纪初，建造一座能容纳 5 万人的封闭式小城市，上面用充气式天幕覆盖，自然界的气候变化不会对城市带来影响，即使外面是数九寒冬，里面也会温暖如春。这种未来的城市可以为人们提供舒适、方便、节能的生活环境。

可以预言，到 21 世纪充气建筑的覆盖空间将日益增大，"吹"起来的房屋将为人类创造出更为丰富、更为理想的人工环境。

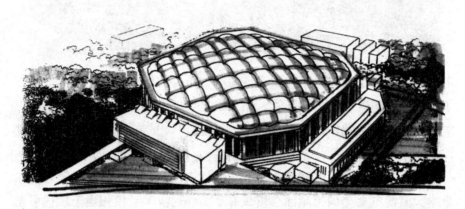

独领风骚的帐篷式建筑

帐篷，是一种撑在地上遮蔽风雨和阳光的设施，多用帆布或塑料薄膜制成。如今，帐篷已经成为野外考察或旅行者的必备用品。它具有重量轻、便于携带的优点，然而却难于经受狂风暴雨的袭击，因此，人们通常只把帐篷作为临时居住之用。然而，建筑学家纵观古今的一切建筑，认为最轻、最省料的当推帐篷，于是一种把帐篷和现代建筑技术融为一体的新颖的建筑形式——帐篷式建筑应运而生。

位于美国阿肯色州林西公园中的体育馆是一座具有鲜明民族特色和艺术风格的帐篷式建筑。由于帐篷采用了双层结构，内层设计成贝壳形状，因此保温效果良好，馆内可维持常温20摄氏度左右。这个作为多用途竞技场所的帐篷式建筑，设备齐全，典雅大方，除篮球、排球、网球、羽毛球比赛场地之外，还包含一个室内游泳池。一些精彩的游泳比赛常在这里举行。

来到沙特阿拉伯吉达市的国际机场，一座巨大的帐篷式建筑突兀眼前，乍一看去，好似一片波涛汹涌的海洋，蔚为壮观。这座巨大的国际机场总共占地42.5公顷，高高矗立的铁架借助缆绳支撑起一个个乳白色的帐篷，令人目不暇接，其中候机大厅由10个相互连接的巨大帐篷构成，每个帐篷面积达4250平方米。据称，这个国际机场能够同时接待10万名旅客。

伊拉克的入侵使科威特城的许多建筑物都毁于战火。战争结束后不

久，科威特将作为东道主迎接海湾地区阿拉伯国家最高理事会的召开，但由于一些大型建筑物毁坏严重，修建、重建均来不及，为此科威特人设法仅用 50 天时间就建造了一座宛如宫殿的帐篷式建筑，以供召开这次国际性会议之用。该帐篷式建筑气势宏伟，布局合理，巨大的帐篷，流畅的线条，辅以古色古香的色调，显得那样的高贵、豪华，令人赞叹不已。帐篷式建筑的主体结构分为会议大厅、宴会厅和卧室三部分，室内布置典雅，设备先进齐全，而且还安装了防灾避难设施。

帐篷式建筑的造型很有讲究，传统的帐篷形式早已不能满足需要，因此设计全新的现代化帐篷成为一个重要的课题。显然，要设计一座巨大的帐篷式建筑，直接试验成本是昂贵的，但若采用计算机仿真的方法则方便得多。具体地就是建立起相应帐篷式建筑的数学模型，并在计算机上进行试验，从而获得帐篷、立柱、缆绳之间的相互关系，以及它们

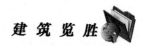

各自的性能参数。经过这种模拟试验便可进行帐篷式建筑的具体施工了。

　　一位帐篷式建筑设计师在对数十种形状的帐篷进行计算机仿真试验之后指出，马鞍形是一种完美的帐篷造型方式，这种在数学上被称为双曲抛物面的曲面，能使帐篷具有最大的张力，而且有人曾就马鞍形帐篷做了耐风试验，结果表明理论计算与实际情况基本吻合。

　　在帐篷式建筑施工时，经常采用充气的办法使巨大的帐篷伸展开来，以形成设计所确定的曲面形状。为此，只需采用鼓风机使室内的空气压力加大，气压增加百分之几即可。例如，能够容纳 1.2 万名观众的美国佛罗里达州立大学学生体育馆的帐篷式建筑就是如此"吹起来的"。

童话世界般的树形住宅与立方体住宅

在荷兰的鹿特丹有一片童话世界般的树形住宅群，这就是建筑师布洛姆探索设计的城市屋顶居住体系。他将各种城市活动安排在底层空间，居住部分则自由地组织在其上方，形成城市的屋顶空间。

树形住宅群由多个住宅单元环绕一个大型的树形剧场构成森林的效果，这种独特的设计构思和成功的布局，受到鹿特丹大众的欢迎。建筑师将整个区划分成四个别具风格的部分，包括树形住宅、布莱克塔楼、斯卡迪楼与格卡迪楼，这些建筑显示了设计者将房屋设计成具有可识别性的准则。正统的布莱克塔楼被扣上了一顶睡帽般的屋顶；水边的斯卡迪楼按照一种结构的概念处理成丰富的造型；不同标高的平台柱廊门窗让

蜗牛形的日本都城市民会馆

人置身于生机勃勃的生活氛围中。

建筑师布洛姆的树形住宅以一种逻辑的方式构成了一个童话世界，他以富有想像力的形式与色彩吸引了鹿特丹的市民，也博得了行家们的赞誉。建筑师通过表象性的城市形式语言，揭示了人们内心深处向往自然的愿望。

在加拿大多伦多出现了一组造型奇特的住宅，它是建在立柱上角朝天的立体性楼房。第一眼看到它，你可能误认为这是一座现代雕塑。正在建造的这组立方体住宅，毗邻多伦多高架高速公路，附近的土壤已经受到污染。为了免受污染，建筑师进行

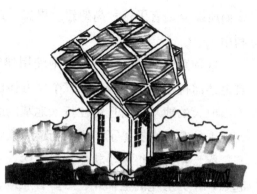

加拿大多伦多立方体住宅

了这种大胆的设计。每个立方体有三层，由预制的钢框架组成，每边长为 7.2 米，各面覆盖着金属保温板。立方体倾斜地建在一根 5.4 米高的钢柱上，其一角指向天空。这是多伦多三立方体技术协会建筑师库特纳设计的。设计师说，城市中环境条件不良的小块土地，通常为房地产开

荷兰鹿特丹树形住宅

发商所摒弃，有了这种高架建筑思想，这样的小块土地就可以得到充分利用。

这种别致的设计能更有效地使用建筑材料。例如，结构已呈斜面，难道还需排水的尖屋顶吗？三个立方体已铆接为一个坚固的整体，不但不需要大的地基，而且钢柱打入地基内的深度也只需 1.2 米左右。安装在墙上的窗子则提供了广阔的街道和天空视野。

库特纳说，根据块状建筑的用途，立方体之间的开放空间可以围合起来，作为房屋的电梯井、热力管通道、水管通道、通风管通道，以及门廊大厅等。今天，人们对这样的房屋也许还很不习惯，但可能有一天它会给千百万个家庭提供一套套舒适的住宅。

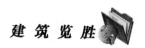

奇妙的有声建筑

　　建筑，作为高超的工程造型艺术，它与音乐有着不解之缘。这不仅是由于两者之间，具备内在的视觉或听觉上的和谐、流畅等美感因素，而且有一些巧夺天工的建筑，其自身也能发出优美动听的音乐来。

　　我国古代建筑艺术就很讲究音响效果。例如，像音阶上升般的一层层高耸的佛塔，按一定节奏结束的刹顶，并在各层的飞檐翼角悬有铃铎，每当轻风吹拂之时，丁当作响，像琴音，似歌鸣，构成了妙音可闻、遐思入神的意境。又如，园林建筑中的流水潺潺、清泉丁冬、竹林萧萧、雨点唰唰……都是借助自然音响，增添其生气与活力，犹如注入生命和情感，达到情景交融的艺术境界。

　　古代匠师的精巧设计，还能使建筑物发出回声，产生奇鸣效应。例如，闻名于世的北京天坛回音壁，是围绕皇穹正殿配庑的环形圆墙，由于内侧墙面平整光洁，声音可沿内弧折射传递，因而呼壁即闻回声，妙趣横生；印度的玛杜拉伊寺庙大殿，石柱林立，游人如织。原来，这些

北京天坛

高低错落、粗细不一的石柱都是"凝固的音乐"。当人们按序敲击石柱时，便会发出乐声，奏出佳曲。

现代科技的发展，为有声建筑注入了新的生机，五光十色的音乐建筑在一些国家悄然兴起，为人们的生活增添了乐趣。

1984年3月，法国马赛市建成了一堵神奇的绿色音乐墙。人们经过它面前时，随着行人的脚步节奏，它会奏出一支支悠扬的乐曲。音乐墙是借助电脑的功能而发出乐声的。在电脑的储存器内，储存着各种音符、乐句，组成了一个作曲系统。行人经过音乐墙时，改变了光电管的进光强度，经过电脑的程序处理，就变成了一组根据行人动作而配制的音乐。

1986年，巴黎的一座公园里也建成了一座音乐亭。亭内的地板就好像国际象棋的棋盘，由一个个方格组成，每个方格都有标志，表明它能发出某个音阶，亭子顶部装有扬声器。如果游人脚踏不同的方格，喇叭里就会响起不同的乐曲来。

在印度新德里的一座七层大厦内，设置了奇妙的音乐楼梯。建筑师选用共鸣性好、经敲打能发出乐声的花岗岩石板

奇妙的天坛回音壁

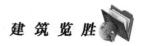

做楼梯，每段楼梯有固定的音阶及音调，人们上下楼梯踩踏台阶时就会丁冬作响，乐声飞扬。

此外，还有日本爱知县丰田市建造的精彩别致的音乐石桥，美国芝加哥石油公司总部摩天大楼前的音乐雕塑，芬兰赫尔辛基为纪念伟大作曲家西贝柳斯而建筑的音乐纪念碑，等等。这些有声建筑都独具一格，引人入胜，奇趣无穷。

钟情于天地之间的上海大剧院

　　一个城市的知名度，常常与它的标志性建筑联系在一起。作为标志性建筑——上海大剧院，综合考虑建筑、机械、声学、舞台、音响、灯光等多种要素，设计要求之高之精，常使建筑师望而却步。

　　上海大剧院位于上海的中心地段，人民广场西北角。大剧院设计采用了国际招标的方式，美国、加拿大、日本、法国、澳大利亚等国实力雄厚的 11 家建筑设计事务所参加了竞选，我国的一些著名建筑设计院也都派出了一流的建筑师参加设计竞选。根据专家投票评选，法国著名建筑师夏邦杰的方案入选。

　　夏邦杰设计的上海大剧院运用了世界最先进的建筑材料、灯光，以

一种全新的构思形式设计出了令人叹为观止的建筑方案。在一片绿草丛中，整个大剧院像一块精雕细琢的白玉，晶莹透明，大圆弧形的屋顶上面是一个露天音乐厅，中间的舞台可以根据需要伸缩大小，升降高低，如逢下雨天还可以加上玻璃盖，变成室内音乐厅、歌舞厅或舞场。

大剧院的台基两侧有八条瀑布，蔚蓝色的流水昼夜不停，似充满柔情的音乐，湍湍不息。从高空俯视白顶、蓝水、绿地，构成一幅赏心悦目的画卷，入夜，大剧院更加显示出它的风姿绰约。建筑师用全透明的方法，把现代灯光应用到建筑中，在黑色的夜空中，人们眺望灯光簇拥下的大剧院，就像在欣赏一出令人激动的交响乐。音乐与建筑结合的技巧令人折服。

夏邦杰是法国久负盛名的建筑大师，他特别擅长设计歌剧院、大剧院、音乐厅等建筑，这与他从小的家庭熏陶不无关系。夏邦杰的祖父是位音乐家，父亲是巴黎著名的建筑师、音乐家，从小他就接受了严格的音乐训练。夏邦杰致力于建筑与音乐融合的探索。他认为，建筑可以永恒地表达对美的追求，建筑是音乐的延续和补充，好的建筑就是诗，就是画，就是音乐。因此，夏邦杰对每座建筑的设计都倾注了强烈的感情。

上海大剧院，是他倾注智慧和激情的力作。建筑师介绍说，整个建筑的构思为"天地之间"。大剧院透过一座水、土相溶的坚实台基，奠定在中国的土地上，置身于上海政治、文化中心；向蓝天展开其屋顶，象征中华民族的聚宝盆，承接来自宇宙、人类的恩泽与智慧，象征着对世界文化艺术的热情追示，也象征着上海有始以来就与天地相通的博大胸怀。晶莹剔透而又具有现代科技水平的大剧院，给上海这座城市增辉添色。

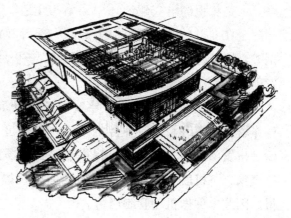

功能各异的塔式建筑

　　"塔"是高耸结构的通称，又分为构筑物
和建筑物。许多工业部门大都有高耸的建筑
物，如烟囱、化工厂的反应塔、输电的高压线
塔等。但构筑物与建筑物的概念不同，构筑物
的内部不能用作人们工作及活动的场所，建筑
物的内部是可供人们活动的。如烟囱、水塔、
化工反应塔等属构筑物，但有些水塔和烟囱如
经过特殊设计，与人们活动场所结合起来，就
成为建筑物了。

　　在我国西昌发射人造地球卫星的火箭发射
塔，也是壮观的塔式建筑，用钢结构建造，下
部固定在发射台侧，发射塔上部和中部有旋臂
钢架，用于稳定火箭，同时也作为工作平台，
发射开始前能分离火箭。

　　在机场或航空港有用于导航的塔式建筑，
称作塔台。塔台是飞行业务的中心，对要起飞
的飞机发出许可飞行指令，提供航路、机场上
空气象、飞机航行情报；对要着陆的飞机提出引导、着落等指令性情
报，因此也称做机场管制塔台。

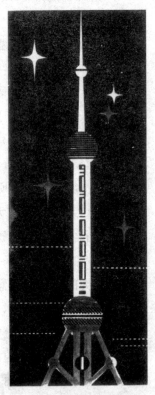

上海东方明珠电视塔

在科威特，可以看到一组形状别致的塔，由三座各不相同的塔组合在一起，第一座单纯是一个尖顶，像一根朝天针一样，第二座像教堂尖顶串着一个圆球，第三座是两个球串在一起。这些精致华丽的塔真是别有风味，如果不告诉你它的用途，你大概很长时间也猜不出来。它们既不是宗教纪念塔，也不是电视

塔，竟是几座水塔。我们平常看到的水塔总是一些圆筒形的外形，决不会想到水塔还有这么漂亮的外貌。这组水塔还像其他的高塔一样有多种用途，它们上面也有餐厅，还能上去观光眺望。

水塔看起来原是很普通的建筑，但建筑师像艺术家一样，把这类本来不引人注目的工程，巧妙地塑造成了一件件艺术品。在科威特还有一些造型特殊的水塔群，像一只只巨大的铆钉倒插在地上，虽然没有多种用途，但这种建筑形式给人以一种新奇的感觉。水塔一般只是单只或少数几只在一起，这种成群的水塔也不多见。由于科威特水源不多，平时要贮存大量的水，做成容量极大的水塔也不合适，所以就采用水塔群的方式。

除了和观光旅游事业结合在一起外，现代水塔也用于其他方面，例如

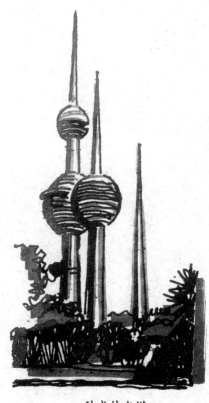

科威特水塔

广播、通信、电视等。法国拉尼翁水塔，在 41 米高处是水塔，上面则用来作为电视和通信的中心。法国卡昂的一座水塔，分三层，上部是水塔，中间是办公室，下部是一座商场。而英国北爱尔兰的培尔法斯特有一座水塔，塔筒可以同时作为烟囱用。

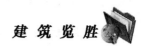

奇特的仿生建筑

当你走进浩瀚的生物王国的时候，将会在这个生机勃勃的世界里发现许多巧夺天工的"建筑物"。当代建筑师们从中受到启迪，创造出了奇特的仿生建筑。

舒适而又坚固耐用的鹊巢，给人们以极大的启发。鹊巢常常筑在高大的杨树、柳树、槐树的树冠顶端。喜鹊的"建筑"方法是这样的：先在三根树杈的交点上，铺筑 25 厘米的巢底，然后在四周垒起"围墙"，再搭横梁盖顶。巢底分为四层，最外层是由枝梢条叠成，里面用柔细的枝条盘绕成半球形的柳条筐，镶在巢

建筑拱肋结构

拱形网架

珊瑚虫

内的下半部；再里面是把泥涂在柳筐内塑成一个"泥碗"；最里面则是一层由柔软的东西，如芦花、棉絮、兽毛等混合而成的"弹簧褥子"。建筑师正在模拟鹊巢的特点，对建筑物的基础处理、仓库建筑方面进行仿

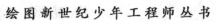

生研究，设计出鹊巢模样的仿生建筑。

海狸是一种水陆两栖兽。它的"家"修筑在湖岸或缓慢流动的河岸边。令人惊奇的是，海狸为了控制水位，避免它的"家"被淹，还在靠河处筑起几座坚固的堤坝，建坝时，总是选择河流狭窄、可以就地取材（木料、石子等）的地方为坝址。海狸所建造的堤坝，正是人类建造的巨大的拦河坝的雏形，它给水利建筑提供了有益的启示。

蜜蜂一昼夜间就能用蜂蜡造出几千间"房子"——蜂房。蜂房的结构由数万个平行排列的六角形棱柱组成，每个棱柱的底边是由三个菱形的面封闭而成的一个倒角锥形，每个"房间"的体积差不多都是 0.25 立方厘米，壁厚严格控制在 0.073 ± 0.002 毫米范围内，每间底边三个平面的锐角都是 $70°32'$。这样就能用最少的材料，建造容积最大的容器，并以单薄的结构获得最大的强度。人们模拟蜂窝研制成了"蜂窝结构"的建筑，这种结构重量轻、强度和刚度大、隔热和隔音性能都很好，现已广泛用于飞机、火箭的制造和建筑工业。

建筑穹顶

海洋里大量生长着一种腔肠动物——珊瑚虫，它具有坚硬的石灰质骨骼。正是这种石灰质的强度很高，每平方厘米可以承受 1 吨外力的作用而不损坏。后一代珊瑚虫在前一代骨骼上繁殖，分泌出大量的石灰质，使它们的遗骸牢牢地胶合在一起，依此循环不已，聚集成了巨大的珊瑚礁石。科学家从珊瑚礁得到启示，正试图把珊瑚虫改造成高楼、大坝、码头等建筑

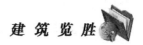

物用的新型建筑材料。

此外，建筑物的防水是个难题，而动物和人的皮肤具有很好的防水性能，外面的水渗透不进去，里面的汗液却能渗出来，保温性能也很好。

现在，科学家们正在探索一种能够形成菌膜的菌类（如红茶菌）物质，把它们制成像人的皮肤一样的膜状防水材料。人们设想把这种材料覆盖在建筑物上以后，它能缓慢生长，出现破损时，又能自动修复；外部的雨水渗不进去，内部的潮气却能散发出来。这对于改善建筑物的防水、保温、隔热性能，以及节约能源，将会有多大的意义啊！

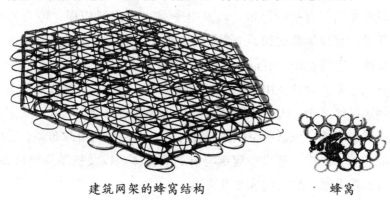

建筑网架的蜂窝结构　　　　　　蜂窝

先进的机场设施

超大型喷气客机的问世，以及电子技术的广泛应用，使飞机的航速、载量、航程等都达到了一个新的水平。为适应高速航空器的快速交通，新的航空建筑都具有以下几个特点。

首先，妥善处理使用功能，同时把最新的电子和机械成果适当地引用到建筑设计之中，力求运营高效率和取得满意的经济效益；其次，采用留有发展余地和灵活的空间的处理方法，以便随时更改布局，适应新的功能要求；再次，把机场建筑与机场的整体，以及机场及城市整体，处理得比较和谐，尽力构成水乳交融的关系。

机场的旅客航站楼在旅客进出港流程处置上大致相同。航站的剖面设计，视其业务量确定为"一层式"或"二层式"。所谓一层式，即所有旅客进出港都在同一平面上办理；二层式则将航站楼朝公路一面构筑高架车道，旅客分别在二层和一层办理出入港手续，即分层分流；还有夹层式，进出港旅客合用一层部分办理手续业务，出发休息、登机在夹层。

现代化机场航站大都采用现代化设备和设施。它可分为管理运营服务和直接为旅客服务两类，目的都是使航站楼的运营达到安全准确，方便高效。其中，直接为旅客服务的有行李处置系统、行李提取转盘、电子自动化手续柜台、航班显示动态牌、闭路电视动态与问讯系统、自动步道和各种登机桥等。

法国巴黎戴高乐机场

美国洛杉矶机场大楼

日本关西国际机场候机大厅

电子计算机的广泛应用已成为现代航站楼的先进特征。从旅客办理手续、行李处置、预订机票到航行指挥调度，从空港经营到为旅客的各项服务，都由电子计算机管理，并把所有各部门的信息，传送到指挥中心，形成高度的电脑化管理体系。

航站楼在建筑造型和内外环境设计上，摒弃了单纯的形式概念，着力于满足功能的要求，自然地合乎逻辑地形成各自不同的体量与空间造型。内外环境设计，力求简洁并与人体尺度相协调。装修则根据空间的功能要求，注意发挥材料的特性、质感和色彩的功能作用，并特别注意到各种设施，如柜台、旅客及行李处置指示牌、航班动态牌的设计和布置，使之形成有机的整体，既舒适、美观、实用，又极富感染力，充分体现出航空运输业独具的高度现代化特征。

科学与建筑之缘

20 世纪 20 年代，欧洲大陆开展了探索新建筑科学的运动。如英国建筑师拉斯金和莫里斯，他们提倡手工艺的效果和自然材料的美，在建筑上主张保护环境、建造田园式住宅。这种将功能、材料与艺术造型结合的尝试，反映了工业时代的科学特点。

西班牙建筑师高迪，是当时新建筑科学运动的代表人物。高迪的设计运用各种自然形态和色彩，大多来自大自然的启示。他以浪漫主义的幻想极力使艺术与科学渗透到建筑中去，强调动感和自由的空间韵律，提倡建筑物立面由三度空间的曲面组合，其典型的作品是巴塞罗那的米拉公寓。米拉公寓建于 1906～1910 年，它的三度空间立面设计是在 1：10 的模型上完成的，工人直接根据模型的形状进行施工。石料全部选用石灰石，砌筑前先粗加工，砌筑后再根据模型精雕细刻，最后高迪还要仔细检查，进行修理。公寓建成后整体效果非常好，天衣无缝，堪称一绝。如此加工建造的建筑，宛如一座雕塑，再加上立面的圣母玛丽亚雕像与屋顶上的装饰雕塑，营造出强烈的装饰效果，使其成为一座具有独特艺术风格的、反映工业时代科学特色的建筑。

与米拉公寓同时代建成的爱因斯坦天文台，也是一座具有科学探索精神的建筑，设计者门德尔松是一位富于创新意识的建筑师。

爱因斯坦天文台位于德国的波茨坦，建于1920年，是一座研究相对论的专用天文台。

米拉公寓

世界著名物理学家爱因斯坦在1917年提出广义相对论，当时人们搞不清相对论是怎么回事，认为它是一种神秘莫测的理论。建筑师门德尔松抓住了这一突出印象，将这种印象渗透到他所创作的天文台形象中。整座建筑形体显得混混沌沌带些许流线形，边棱模糊，高低错落，使人感到富有弹性的力感。一些不规则的窗洞，形象奇特，像是一只只眼睛，默默地观察着宇审和大气层，充分表现出神秘的气氛。

爱因斯坦天文台是一座有特殊意义的建筑，建筑师以自己的创作，摆脱了传统的古典建筑形式，充满了时代的色彩。爱因斯坦对于建筑师的杰出创作，表现出同意和赞叹，认为建筑与相对论是相通的，它的神奇的外形和内部布局，表达了科学的气质和内涵。

爱因斯坦天文台

1958年，比利时著名建筑师瓦特凯恩，从原子结构中获取灵感，为当年在比利时首都布鲁塞尔举办的国际博览会设计了一座造型别致的建筑——原子球博物馆。它由9个不锈钢制成的原子球，按铁

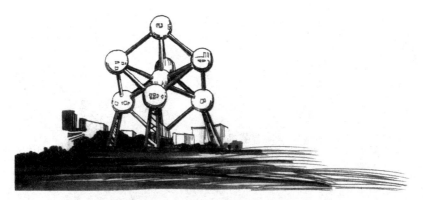

比利时布鲁塞尔国际博览会原子球博物馆

分子的组成形式连结构成，以钢架支撑，每个球直径为18米，球体内作为展览空间。该馆建成后成为布鲁塞尔的象征，成为一座著名的象征时代与科学进步的建筑物。

会呼吸的大楼

　　像人类一样，白蚁喜欢在气候适宜的环境里工作。例如，澳大利亚西部的罗盘白蚁不论白天还是晚上，冬天或是夏天，尽管外界的温度在3～42摄氏度之间变化，却始终将它们巢穴内的温度维持在30～33摄氏度。人能比白蚁更聪明吗？

　　在写字楼里，只有空调系统才能精确地控制温度。但是，空调要消耗大量的能源，而且长期使用空调对人健康不利，夏天众多的空调还会使外界大环境变得更加闷热。有没有更好的办法代替现有的空调系统呢？科学家们从罗盘白蚁那里得到启发。他们参照蚁巢结构设计的新式

澳大利亚西部的罗盘白蚁巢

建筑，不但不用空调，节省了大量能源，而且更有益于健康，更舒适。

新式建筑的奥秘在哪里呢？首先让我们看看蚁巢的构造。原来，白蚁是通过控制蚁穴的气流来调节巢穴内温度的。蚁穴建在地下，上面用泥土筑起 3 米高的塔，塔内有连接地下洞穴与外界的通气道。塔呈楔形，而且总是朝北，塔四周有大面积的平面，用来最大限度地吸收上下午的阳光热量，而塔顶部表面较小，可减弱正午强烈的阳光热量。当塔变热时，塔内的空气就上升，热空气被排出，抽入新鲜空气；当风吹过塔顶时，气流被吸到蚁巢内，使蚁巢变得凉爽。科学家们把这种现象称为"烟囱效应"。

英国不久前建造的几幢办公大楼就是根据烟囱效应设计的。这些大楼高 3 至 4 层，每幢大楼的角上都有一个 17 米高的圆形玻璃塔，塔内装有主楼梯，它可以采集阳光和风，产生"烟囱效应"。

为了更好地控制气流，调节整幢大楼的温度，塔的顶部可以利用液压方法升起或降下。控制塔顶升降的是一个被称为大楼能量管理系统的计算机网络。当有暴雨时，它会将屋顶关闭，以防雨水流入；在夏季夜里，它会启动格栅内的风扇，将清凉的空气扇入办公室。计算机网络还监测白天光照强度并调整人工照明，以保持办公室的恒定亮度。

有了计算机网络这样的智能管家，再加上冬天为减少热损失的隔热措施，以及夏天利用自然通风换气等措施，大楼能最有效地利用能源，它的耗电量仅为一般大楼的四分之一。

为了减少夏季高温的影响，科学家们还想到了别的办法。例如在混凝土楼板中加通气管。白天楼板吸热，夜晚再把热量散发出去，这样就能把室内温度高峰从下午 2 点推迟到 6 点。那时，大多数人已离开办公室了。

受人青睐的绿色建筑

绿色食品以其未受污染受到人们的欢迎，而绿色建筑也将以节能和符合生态要求受到大众的青睐。

20世纪90年代美国建筑师设计的奥杜邦绿色建筑，是绿色建筑的新开端，这座带拱形大窗户的4层楼，是纽约曼哈顿最节能的建筑物。

楼的业主是奥杜邦协会总部。大楼内通风凉爽，阳光充足，它不仅省电节能，而且还能将办公室所有废弃物的80％再次利用，包括每年38吨废纸。室内空调使用无污染的物质制冷调温，整座大楼采用了各种对环境无害的再生建筑材料。尽管该大楼用于环境保护方面的费用比常规建筑要高1/10，但建筑师认为，为了保护环境，这笔钱花得值。

经过20多年的研究与实践，绿色建筑已开始走向成熟，它为人们提供了一个更健康、更舒适的室内环境。绿色建筑在设计中，需要仔细推敲建筑物的每一个组成部分，其中包括照明、供暖、通风、地面与墙壁涂料、废物处理，以及建筑结构本身，同时还要搞清各种因素之间的相互影响。

以建筑照明为例，绿色建筑使用了最新的照明技术，包括可根据室内是否有人办公，以及通过窗户射进室内的光线量来调节办公室照明的微型传感器等。室内高度、墙上涂料的颜色、窗户和走廊的朝向，所有这些都要精心设计，以期达到最佳的照明效果。

绿色建筑的另一关键是处理好建筑材料的性能和环境的关系，如原材料来自哪里，是如何开采加工的，它对环境有无危害等。其墙壁应用不含易挥发的致癌有机化合物的涂料，地毯应不含染料和胶粘物，而是纯天然纤维织物，粪便处理后产生沼气并再利用，生活污水处理后再采用……

美国奥杜邦绿色建筑

在绿色建筑中采用无污染的太阳能也是设计的重要部分。屋顶应用太阳能电池板，窗户和天窗采用光电板，这类产品可使建筑确保自身的许多能源要求。

绿色建筑屋顶采用的蓝色光亮的光电池板，与航天卫星用的光电池

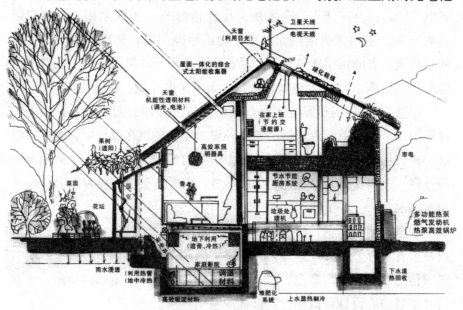

绿色建筑原理图

板属同一类型。这种光电池板用半导体硅薄片制成的多晶硅电池组成，当光线照射硅晶体时，便有电流产生。科研人员致力于将太阳能电池与建筑材料结合成一体，发电的光电池屋顶材料将成为人们的一种选择。

绿色建筑的屋顶还安装太阳能集热板，用来给水加热。部分热水就送到设在各层地板下的管道中，给住宅供暖；另一部分则通过热交换器循环，以提供家用热水。

奥杜邦绿色建筑的太阳能电池下有屋顶，太阳板本身就是屋顶瓦板，这样既保持了建筑内的干燥，又可提供电力和热能，把光电板与建筑材料结合起来，使之成为一个整体，这是奥杜邦绿色建筑的一大特点。

都市中的一片绿洲

在许多国际大都市中，拥挤的人群以及高度的文明虽能使城市变得生机勃勃，极富魅力，但是人类活动的过分集中，也造成了大自然的生存空间越来越狭小。如何扩大城市中人均占有绿地的面积，已成为城市建设中的一个重要问题。

1997 年，在日本东京这座大都市出现了一块都市绿洲，给人们一种耳目一新的感觉。在一块只能停放六辆轿车的空地上，栽种了树木、灌木丛，甚至还有一条人工开凿的小溪，从而使这块弹丸之地充满着天然情趣。虽然咫尺之外就是繁忙喧闹的马路，但小鸟依然在枝头放声歌唱。

整个都市绿洲工程还包括两幢分别高达 10 层和 18 层的办公大厦、一家咖啡馆及一些公共展览场地。其中最引人注目的是水再循环系统和空气循环系统。

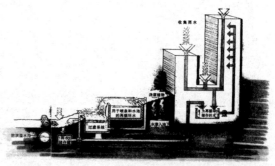

水再循环系统，它可使约 90％取自城市供水管道网中的水能得到再利用，从而能使每天的人均耗水量减少一半，而且排入城市下水道的废水也可以减少 40％左右。从屋顶收集到的雨水和洗涤槽冲洗下来的

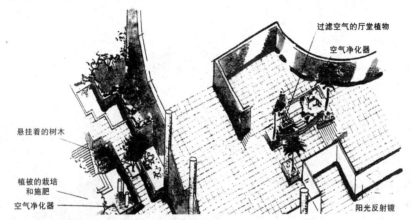

脏水可再用于冲洗厕所，再把冲厕所后的废水送到处理罐，以除去其中的无机矿物杂质及其他有机养分。从冲洗厕所后的废水中提取出来的有机养分还能得到利用，一部分给种植在大楼周围的植物施肥，其余的用管道输送到置于地面之下的海藻罐中。

于是，海藻消耗废水中的有机养分而繁殖，成了鱼类的食物，鱼池内的废水转而又喷撒到悬垂在鱼池上方的树根上。这个过程环环相扣，生生不息。

空气循环系统，这个系统可利用土壤和植被来净化大楼内厅堂的空气，并过滤从地下停车场排出的汽车废气。据传感器反映的数据表明，这个空气循环系统可去除汽车废气中约 90％的一氧化碳。如此有效的空气净化效果已引起人们的关注，他们希望把这套系统安装在公共停车场和交通繁忙的公路旁。

纸造的房屋

人们几乎天天都要与纸打交道。学习、书写、画画、购物和清洁等，时刻都离不开它。然而，要说用纸来建造房屋，你可能会觉得十分稀奇。因为纸质软而不坚，既怕水又怕火，它怎么能成为建筑用材呢？

其实，早在 1944 年，美国造纸化工研究院就首次建成了一座纸板房屋，足足使用了 8 年才拆掉。1968 年，英国伦敦又用纸建造了一座半球形展览厅。随着纸料处理技术的提高，荷兰农业研究所在 1975 年别出心裁地用纸建成了一幢折板形牛舍，屋顶跨度达 13 米，覆盖面积为 1700 平方米。1976 年，英国威尔士的一幢三单元的纸建筑，不仅每平方米屋顶承受住了 73 千克的雪压，而且还经受住了暴风雨的袭击。

那么，这些别具风采的纸建筑为什么能如此坚固而实用呢？其原因是，建房所用的纸料不同于一般的纸，其结构也有它的特别之处。

建筑纸板的主要弱点是不耐潮湿和易燃，因而，它的使用曾一度受到限制。后来，科学家采用了行之有效的方法，如对普通纸板附加玻璃纤维涂层、喷射混凝土、掺有抗燃剂的乙烯基或聚氨酯涂料敷面后，建筑纸板便完全克服了普通纸的弱点，不怕水和火了。美国于 20 世纪 70

年代发明了一种具有不燃和耐潮湿等性能优越的建筑纸板，可以耐喷灯火焰达 4 分钟而不被烧穿。

现在，建筑纸板已广为发展和利用，并出现了许多新品种。

防潮纸板 用焦油沥青浸渍普通纸板，再经过简单加工，就可制成不怕日晒雨淋的防潮纸板。

隔音纸板 用边角木料、稻草、甘蔗渣、麻丝等有机纤维压制而成，表面有许多孔隙，能吸音，可做房间的间壁板。

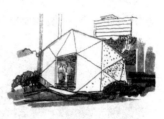

石膏纸板 在两层普通纸板中夹上石膏，就可制成石膏纸板。它可钻、可锯、可切、可钉、可刨，具有轻质、高强、防火、隔音、隔热等性能，可做建筑物的内墙、平顶等。

波纹纸板 先用树脂浸渍多层纸板，再轧成波浪型，然后进行高温、高压处理，并在表面喷上阻燃剂和涂料制成。具有耐热、耐磨、耐腐蚀及光亮平滑等特点，可做内墙和外墙。

蜂窝纸板 它是模仿蜂巢结构制成的建筑纸板。把普通纸张轧成有六角形孔眼的纸板，然后用树脂浸渍，表面用阻燃剂和涂料

作保护层，就成了性能优良的轻质建材，可做建筑物内部的隔墙等。

不久前，英国科学家研究出一种"泡沫粘结混合化学制剂"，使纸板建筑"更上一层楼"。

在建造这种纸板房时，先用一种价格低廉、质地坚固的茶褐色纸拼成房屋的框架，然后在上面喷涂"泡沫粘结混合化学制剂"，形成厚 2.5～3.0 厘米的涂敷层。这样建成的房屋没有开孔洞，可以按照需要用小刀轻轻地割开门和窗，这是很容易办到的。在气候恶劣、潮湿、水分重的地方建造这样的房屋尤为合适。它隔热、成本低、建得快。

美国加利福尼亚州建造了一种农业季节住的纸板房。这种壳体结构是预先折叠成形的，然后在现场像手风琴一样拉开，人们称之为"手风琴式纸板住房"。这种房宽敞明亮，轻巧方便，很受人们欢迎。

　　纸建筑具有用料省、自重轻、易装配、建造快、易拆迁、运输方便和造价低等优点。它在救灾、战地、施工、新辟市场、临时建筑、车库等用房中，发挥着得天独厚的作用。

"高技派"建筑

家电商店里陈列着许多收录机，你是否发现有些收录机外形像一台复杂的仪器？上面满是按钮、开关、刻度盘、指示灯等，令人眼花缭乱。

日本华歌尔服装公司

香港汇丰银行大厦

这种造型设计是一种现代审美流派，即追求所谓"工业密集度"，越像机器越好，越有现代技术感越美。甚至，有些手表没有表面，玻璃罩里面，除了看到三根指针以外，其他所有机件也都看得一清二楚。建筑设计也受这种现代审美潮流的影响，将建筑物建造得像一台大型机器。这就是现代建筑流派之一的"高技派"。

在高技派的建筑中，值得一提的是巴黎的"文化工厂"——蓬皮杜文化中心。建筑平面为 168m×48m 的长方形，地上有 6 层，地下有 4 层，钢桁架梁柱结构。"文化工厂"的设计冲破了传统的建筑美学观念，也没有迎合法国人的口味，而是将自己的全部结构和设备裸露得淋漓尽致，乃致使其与周围典雅庄重的古建筑格格不入。无怪乎有人说它像一座火箭发射台，还像一艘漂洋过海的货轮。

日本的华歌尔服装公司大楼也很有特色，它虽然是个工厂建筑，但是充满着高科技的现代感。在造型上追求的是利用最新的技术，来创造新型的、又能表达工业厂房的建筑形象。无疑，在这二者结合上，它是相当成功的。

蓬皮杜艺术和文化中心

建筑师黑川纪章将暴露在外的结构和建筑构件，附着于缝纫机的造型之中。用不同的材料有意识地组合，如大理石、花岗岩、不锈钢和铝合金，这些材料都经过细致的安排，以造成某种共存和连续的感觉。在 9 层的会客室中采用了天象图的大圆形窗户，它的两侧墙壁上的柱子和线角，使人联想到纸折扇屏风。入口是现代化装饰，越过窗洞则可以看到日本传统的庭院绿化。

这个建筑作品，既可以历史的观点去看，也可从高科技的观点去理解。建筑师把大楼比作满载东西方文化符号的宇宙飞船，期待着向幻想的创造世界飞翔。

由上述例子可以看出，注重"高度工业技术"的倾向是指那些不仅在建筑中坚持采用新技术，而且在美学上极力鼓吹表现新技术的倾向。广义来说，它包括战后现代建筑在设计方法中所有"重理"的方面，特别是讲求技术精美的倾向和把注意力集中在创新和表现装配标准化方面的倾向。

冬暖夏凉的太阳房

"太阳啊，楼角新升的太阳！"这是著名诗人闻一多的遗作《太阳吟》中的诗句。这首诗描绘了太阳与建筑物相映相衬，如影如画的景色。今天，太阳与建筑有了更密切的关系。形形色色既美观又实用的太阳房，把建筑物与太阳能的利用结合在一起，成为现代建筑发展的一景。

所谓太阳房，又叫太阳能住房或太阳能冷暖房。它是利用太阳能来供给冷气、暖气和热水的建筑物。其基本构造是由集热器、蓄热器、热交换器，以及太阳能制冷机、送风机等主要设备构成的自动控制装置。随着气候的变化，控制装置能自动调节切换阀及其辅助装置，来满足人们所需要的冷气或暖气，并可供应热水。

太阳房中最简单的一种是被动式太阳房。它只要将建筑物向阳的外墙涂黑，并装上密封的玻璃框架，空气就可利用热空气向上、冷空气向下的原理自然循环，不需要任何机械装置，使室内冬暖夏凉，既经济又方便。那么，它的奥妙在什么地方呢？原来，这是因为在墙与玻璃之间留有一定间隔的空气流动通道，顶部装有活门。

冬季，尽管周围空气很冷，但阳光能透过玻璃，将隔道内空气晒热，热空气上升至墙的顶部，通过活门进入室内，并驱使室内冷空气由下部通风口进入流动通道，如此循环不息，就可提高室温。晚上还可利用太阳墙的余热，提供一定的热量。因此，太阳墙起到了集热和蓄热的

双重作用。

　　夏天，则将顶部活门向室外开启，热空气就向室外流动，使房屋北面较冷的空气不断进入室内替补流出的热空气，室内温度随之下降。

　　若房屋有良好的隔热措施，太阳墙设计较为合理，每平方米的南墙可供 10 立方米空间的取暖，约提供每年采暖需要能量的一半以上。

　　各国现已使用的太阳房，一般可满足采暖需要能量的一半左右，有的可高达95％。目前，全世界用于房屋采暖所消耗的能量，占总耗能的 20％～30％。如果利用太阳能取代其中的一部分，所节约的电能和矿物燃料数量是很可观的。

　　世界许多国家都很重视太阳房建设。日本东京以北 30 千米的太阳房——"草家太阳房"，是世界闻名的太阳房。美国也十分重视太阳能冷暖房的研究，目前主要是研究廉价、长寿命的收集器，因为它对冷暖房的普及有很大的实际意义。美国设计建造了 4000 所太阳房，仅这一项每人每年就可节约 1 吨石油。法国目前已有 100 多所试验性太阳房，尽管造价较高，但由于它可以节约 40%～50% 的采暖能源，所以仍受到法国政府的重视。澳大利亚政府决定在其西北部地区新建的政府办公楼中，将所有的暖水设备都利用太阳能来加热。

　　我国幅员辽阔，太阳能的利用很有潜力。甘肃、青海、内蒙古等地，已成功地建造了太阳房。

建筑物的乔迁

　　建筑物能搬迁吗？一般说建筑造好之后就不再移动了，但有些建筑因某种特殊的原因也得搬迁。古埃及的阿布辛拜勒大庙的搬迁开创了先河。

　　这座庙建造在埃及南部的尼罗河岸边，是第十九王朝的皇帝拉美西斯二世下令建造的太阳神庙和帝王祖庙相结合的大庙。这是一座岩凿庙，庙门前排列着四尊高达 20 米的雕像，相传是拉美西斯二世的化身。正中下部是大门，门的上方刻有一尊神像，即旭日神。神庙凿得很深，从大门到最里面的神舟圣堂长达 60 米，而且造得相当精确，每年的春分和秋分这两天，当太阳在东方升起时，正好照射到庙内最深处的太阳神像上。

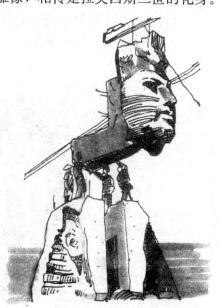

正在安装的巨像面部

　　这个 3000 多年前所建的神庙在文化史上具有很高的价值。20 世纪 60 年代，埃及为了兴建水利工程，治理尼罗河，决定在河的上游建造纳赛尔水库，在阿斯旺建造一个大水坝，这样一来，这个举世闻名的阿布辛拜勒大庙就将被水淹没。

为抢救这一古迹，埃及政府决定将建筑迁移至离河 200 多米，比原址高90米的山坡上去。这是一个非同小可的壮举，因为要保护原物不致损坏，所以难度极高。消息传出后，世界各国的工程技术界为之关注，纷纷提出搬迁方案。经过多方案比较，最后决定了一个理想的方案：把这座岩凿庙连同庙门前的几座巨大的石像都进行分割，成为可以进行装运的石块，每块重 20 到 30 吨，先小心地锯割下来，编好号，然后运到新的地点进行拼装、就位，复原如初。最后，这座伟大的神庙就照原样搬迁到新址上。

其实，建筑的搬迁问题建筑师早就进行了探索。普陀山法雨寺的圆通殿是清代康熙年间从南京明代故宫里的九龙殿迁来的。近年来，上海外滩的天文台因修路也水平迁移了数十米。

我国修建长江三峡大坝，很多人担心三峡附近的许多著名的古建筑也可能要被淹，如白帝城、张飞庙等。由于这些建筑可以搬迁，所以将有可能把这些有较高文化价值的建筑物迁至安全地带。

建筑搬迁，不但可以使文物保存下来，而且由于搬迁的壮举，增加了文物的文化内涵，也增加了它的文化价值。

阿布辛拜勒大庙

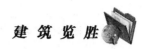

能活动的桥

在众多的桥梁建筑中，伦敦塔桥是一座著名的能活动开启的桥。它横跨泰晤士河，因桥的两端各有一塔，又毗邻闻名遐迩的伦敦塔，所以被称为伦敦塔桥。它建造于 1894 年，是伦敦著名的观光景点，古伦敦城的象征。

桥两端的方形尖塔高 60 米，分上下两层，下层桥面上可供行人、车辆往来。巨轮鸣笛而来时，桥面自动向两边翘起，行人可从高出河面数十米的上层通过。桥内设有商店、酒吧。拾级登上桥塔，可进入塔桥内的博物馆、展览馆等处。

塔桥是桥梁建筑的一个奇迹。塔桥以钢铁构件为主要承重结构，里面放置着用以开合各重 1000 吨的水力机械，外面镶饰着石头，桥两端

伦敦塔桥

有些桥的桥面会向一侧转动，使大船从桥的两侧通过。

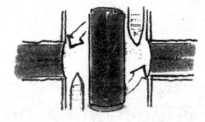

有些桥为适应需要，特别设计成在塔楼中间的桥面可以垂直升起，让轮船从下面通过。

活动桥

是维多利亚时代的砖石塔。塔桥使用至今，机械从未发生过故障。塔桥为古典建筑风格，如巨龙横卧于泰晤士河上，气势雄伟。当船只驶近塔桥时，从甲板上远望，首先映入眼帘的就是这条巨龙。入夜桥上彩灯齐放，使其更加壮丽多姿。

无独有偶，在俄罗斯圣彼得堡涅瓦河上可开合的桥梁达三十余座，每天夜间定时开合，船只的来往穿梭，灯光的变幻，使之成为圣彼得堡的一大景观。我国的天津市的海河，也有一座可开合的钢桥——金刚桥，当有较大船只需要通过时，桥梁中端部位可以升起，轮船过后又可降落，以利桥上车辆通行。

我国著名的桥梁专家茅以升教授说的好："世界上没有克服不了的困难，也没有架不起的桥。"建桥技术的创新，多功能活动桥的兴建，推动了桥梁

圣彼得堡涅瓦河上的活动桥

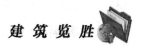

技术的发展。

世界前十位大跨度悬索桥

排名	桥名	跨度（米）	国家	完成年份
1	明石海峡大桥	1990	日本	1998
2	大海带桥	1624	丹麦	1998
3	亨伯桥	1410	英国	1981
4	江阴长江大桥	1385	中国	1999
5	青马大桥	1377	中国（香港）	1997
6	韦拉扎诺桥	1298	美国	1964
7	金门桥	1280	美国	1937
8	HögaKusten 桥	1210	瑞典	1997
9	麦金纳克桥	1158	美国	1957
10	南备赞桥	1110	日本	1988

如果有大船要通过伦敦塔桥时，桥面会从中间分成两半，然后翘升打开。

江河飞虹的跨越

桥，宛如一道道江河飞虹，是跨越障碍的通道。翻开桥的历史画卷，我国古代桥梁建设曾有过辉煌的篇章。世界公认悬索桥最早出现在中国，公元前3世纪在四川就有了竹索桥。我国拱桥的历史也很悠久。河北赵县的赵州桥建于隋代，约在公元606～618年间，由著名工匠李春设计建造，全长50.82

河北赵州桥

米、宽9.60米，为石砌单孔弧形桥，是当今世界上最古老、保存最完善的石拱桥。

桥梁建设的发展与科学技术的进步和新材料、新工艺的应用密不可分。19世纪的冶金工业提供了优质钢材，使桥梁技术实现了一次飞跃，发展了新的结构形式，桥梁跨度也由几十米增大到500米左右。

20世纪，桥梁工程进入钢筋混凝土和预应力混凝土占主导位置的发展时期，产生了新的结构型式、设计理论和施工方法，使桥梁工程技术实现了又一次飞跃。高强钢索为斜拉桥、悬索桥提供了新的高强材料，使桥梁跨度跃进到2000米。80年代初，英伦三岛的恒比尔大吊桥通车，它以轻盈的结构，将英国的东部重要城市赫塞尔和巴顿联接起来，桥面主跨为 1410 米，全长达 2220 米。这座桥梁是迄今跨度最大的桥梁。建桥工程前后用了 39 年时间，耗用 1 亿英镑和 3 万吨钢材，独占世界桥梁的鳌头。

现代桥梁按照受力特点的不同，可以分成五大类，即梁式桥、拱式拆、悬索桥、斜拉桥、刚构桥。其中悬索桥和斜拉桥是大跨度方面最具竞争力的桥型。

桥面支承在悬索上的桥称为悬索桥。悬索桥造型优美，跨越能力大。我国已建成 3 座：汕头海湾大桥主跨 452 米，是世界上同类型悬索桥

横梁桥

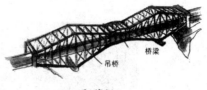

悬臂桥

拱桥

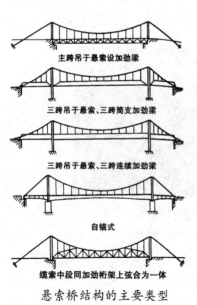

悬索桥结构的主要类型

中跨度较大的；三峡西陵长江大桥，主跨 900 米；广东虎门大桥，主跨 888 米。

斜拉桥由梁和索共同承担重量，是梁索组合体系。斜拉桥以其自锚特性，具有广泛的适应性，我国建成和在建的各种功能的斜拉桥就有 50 多座，其中 400 米以上的有 9 座。上海杨浦大桥主跨 602 米，迄今居世界结合梁斜拉桥跨

度之首。

除在大江大河上修建规模大、技术先进的桥梁外，人们还建造了跨海连接岛屿的桥梁，使海上孤岛与大陆连成一体。我国也在向跨海工程进军。交通部已规划了渤海湾、长江口、杭州湾、珠江口伶仃洋和琼州海峡等五个大型跨海跨江工程，这些工程的完成，将使我国成为世界桥梁建设的先进国家。

舟山市的朱家尖跨海大桥（桥长2706米）

世界最高的南昆铁路清水河大桥

（全长361米，河谷至桥面高度183米）

世界最长的日本明石海峡大桥

日本是一个由北海道、本州、四国、九州 4 个大岛和大约 3900 个小岛组成的岛国。一个世纪以来，人们一直梦想在本州和四国之间修建一座跨海大桥，把这两个人口最多的岛屿连接起来。早在 20 世纪 30 年代，科学家就提出建桥的设想，然而所面对的现实却十分严峻，这一带不仅是地震区，而且是疾风海峡。

1998 年 4 月 5 日，明石海峡大桥在日本建成通车，大桥全长 3911 米，两个主桥墩之间跨度 1990 米，成为目前世界上最长的悬索桥。该桥有 6 个车道，35 米宽，经过它驱车从神户去四国的德岛县，只需一个半小时。明石海峡大桥是连接日本四大岛的全国铁路网中的最后一

环，人们沿着这一铁路网就可以漫游全日本了。

明石海峡大桥的建成，应归功于高科技的发展。这座大桥的桥址距最近的地震断层只有 145 千米。所以，工程师设计的这座大桥要能够经受住里氏 8.5 级地震。1995 年 1 月 17 日，明石海峡大桥的缆索刚刚安装就位，就发生了一起 7.2 级的地震。这次地震是对在严格监控下建起来的大桥的一次严峻考验，地震中，大桥安然无恙。除了抵御地震以外，大桥还须能经受住速度达 290 千米/小时的台风的冲击。大桥的高塔高 283 米，相当于埃菲尔铁塔，为了确保安全，工程师们制作了一个 1：100 的高塔模型，并在世界最大的风洞里进行风力试验。高塔的建造、缆索和桁架的架设都采用了先进的技术，缆索由强度很高的钢丝新材料制成，钢丝全长达 30 万千米。

明石海峡每天有多达 1400 艘船只通过，高塔建在海峡航运通道的两侧，施工不能影响船只的航行，这就是为什么中间跨度要如此长的原因。

明石海峡大桥耗费了巨大资金，它的开通加快了日本东濑户地区的人员往来和物资流通，刺激了沿线旅游业的发展。有人估计，该大桥每

明石海峡大桥

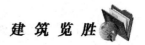

天通车高达 3 万辆次，每年可给周边地区带来巨大的经济效益。

更长的悬索桥，即横跨直布罗陀海峡的大桥、连接西西里岛和意大利的大桥，目前都在筹划之中。

现代城市中的桥梁

在辽阔的大地和现代城市中，纵横着大江大河，如著名的多瑙河、莱茵河、伏尔加河、尼罗河，以及我国的长江、珠江、黄浦江等。人们在各种天堑上架设着造型各异、丰富多彩的各式桥梁，尤其是斜拉桥最引人注目。

斜拉桥是 30 多年前才发展起来的桥梁新秀。它的桥跨由索塔、斜拉索和梁三部分组成，由梁和索共同承担重量，叫梁索组合体系。梁可用钢、钢筋混凝土制造；索塔一般都用钢筋混凝土制成；而斜拉索就必须选用能承受很大拉力，又不容易被拉断，弹性又好的钢材来做。

斜拉桥的建造在中国虽然只有十多年的时间，却是大跨度桥型中修建最多、发展最快、推广最好的桥型。20 世纪 90 年代在上海建造的两座黄浦江大桥，就是其中的佼佼者。

1991 年底正式通车的南浦大桥，是一座跨越黄浦江的特大型斜拉桥。黄浦江上交通繁忙，桥位附近及上游有多处万吨轮装卸港及大型造船厂，要求通航净高 46 米，通航净宽 340 米。因此，该桥采用主跨跨径 423 米，一跨过江。主桥在浦江岸边设置两座钢筋混凝土花瓶形空心塔柱，塔高 150 米，似飞箭直插云霄。主桥全长 846 米，桥面宽 30.51 米，桥面与地坪相对高差 50 米，桥下可通航 5.5 万吨级巨轮。

由于南浦大桥西岸为居民密集区，所以浦南引桥采用复曲线圆形盘道，全长 3754 米，如蟠龙飞舞岸边。东引桥全长 3746 米，直下浦东杨

南浦大桥

高路，通往经济开发区、浦东国际展览中心和上海浦东国际机场。

南浦大桥才领风骚 2 年，上海又建成了黄浦江上另一座斜拉桥——杨浦大桥。这座大桥与南浦大桥相距 11 千米，主桥总长 1176 米，一跨过江，恰似一条卧江长龙。该桥无论在高度、长度、跨度，还是拉索的拉力和长度等方面，均超过了南浦大桥。杨浦大桥主塔高度 204 米，超过南浦大桥 50 多米；最长的拉索长度 330 多米，超过南浦大桥 100 多米；拉索最大拉力为 7500 千克，超过南浦大桥 1500 千克；跨距 602米，不仅大大超过南浦大桥，而且超过了当时世界上最大跨度的斜拉大桥——加拿大安纳斯大桥 130 多米，成为当时世界第一斜拉大桥。现香港特区政府计划投资 70 亿港元在昂船州和青衣岛之间兴建一条跨度1000 米的世界最长的斜拉桥，预计在 2006 年完成。

南浦大桥　　　　杨浦大桥　　　　　　立交桥

现代城市桥梁的作用，不仅在于过河跨江，而且扩大到了高速公路、轮船码头。高架式高速公路是一种旱桥式的立体交叉构筑物，也称为高架桥。在交叉路口上设二层甚至多层的路面，使车辆畅通无阻。高速公路的建设改变了城市交通网络，改善了城市的交通拥挤状况。

桥梁还被应用于新型码头建设。过去码头多是依附在海岸或河岸，随着航海和水运事业的发展，已出现栈桥式码头，采用桥梁将码头移向渠水区，以解决大吨位船舶停靠问题。

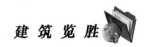
智能型校园建筑

未来校园是什么样的？这是学生们关心的话题。未来校园应是智能型的，这将是校园建设的发展趋势。

未来学校设施的完善，将从两方面着手：一是加强教育和科研功能，改善学术研究环境，特别是实验设备及校内通信网络的发展；二是为教师和学生创造更好的丰富多彩的生活环境，使整个校园成为一片和谐的、洋溢着文化气息的天地。

1992 在北京召开的亚洲国家和地区第二次教育设施国际讨论会上，日本文部省文教设施部代表在报告中提出："智能型校园，这是建设 21 世纪校园的必由之路。"进一步阐明了"智能型校园"的概念，"概括为以下三方面：一是校园被赋予信息与交流的功能，这些功能可在教育、科研与管理诸方面广泛地被利用；二是校园既是舒适的教育场所，同时

也是宽敞丰富的生活环境；三是实现终身教育，学校的设施可多用途、频繁地、高效率地利用。"

日本这些年新建的"智能型校园"建筑有以下几个代表性特征：

系统地、全面地使用计算机。在教学、科研的各个领域中普遍利用电脑进行工作，是日本新建高校的显著特征。校园规划与建设中，无一不包括大型电脑系统的建设和各种网络的规划。在校园建筑的设计中，考虑适应计算机运作的各种技术条件的要求，如供布线用的夹层地板、多种照明、系统空调、多方位电源、防尘、防静电、防干扰、防灾害措施，以及接收系统、遥控系统、消防系统、特种机械配置的应变系统等。

用于情报通信、处理机能的空间，要规划完善，并充分考虑发展变化的余地。为保证高科技教学和研究工作的可靠性、稳定性，采用精密的手段，防止自然的灾害、人为的灾害及计算机病毒等。

学校各项管理机制，迅速实现电脑化。以计算机为主要手段，进行全面管理工作，以求与教学、科研工作同步提高，共同保证现代智能的开发。在大学，师生在很多场合都使用磁卡，通用于图书馆借阅、研究室出入、食堂就餐、校内商店购物、学生成绩登录、学籍管理、选课、保健、就医……都在计算机上进行处理，简便又高效。

校园建筑内，应注意设置多种宽敞、舒适的交往空间。在日本新建校园规划设计中，安排了很多室内、室外的各种适合师生停留、小憩、谈话的空间场所和角落，并放置了舒适的座椅、沙发，有条件的地方还

设置了投币式自动购货机或小卖部、小吃部，给师生提供良好的交流条件，创造优美高雅的有文化的校园环境。

建筑物之间联系方便。"智能型校园"各类型建筑物的设计，多采用集中式的布局，建筑群体也多以成组成团的方式组合，尽量减少楼间距离及交通路线，各个相对独立的区域之间，也尽量打通分割界限，室内室外都设有方便的连廊和通道，使建筑群体，在整体上能联络通畅，达到保证和提高交往、交流、传递、沟通之最佳效率。

建筑内部设计力求十分周到、细致，充分体现为人服务的思想。教室中的黑板不黑，无粉笔灰，写字、放映、投影三用，并能升降；课桌椅连成整体，每套桌椅只有两条腿，人离开后，坐椅会自动伏在桌面，腾出地面最大的空间，以便于清扫；实验室要求经常关门，则将屋门设计成吊挂式推拉门，导轨略有坡度，可自行滑动，达到不费动力，出入口就会自动关闭，如此等等，不胜枚举。

现代都市的停车场

纵览世界各大城市，汽车的拥有量急剧猛增，整个城市大有陷入车辆的汪洋大海之感。因此，自 20 世纪 80 年代起，各国都把研究和建造城市停车设施作为建设国际大都市交通形象的基础性措施。

在大城市中，最初的停车设施就是目前还在使用的地面停车场，这种停车设施的车位与行车

3 层升降横移式停车装置

通道在同一标高上，车辆进出便捷，管理也简单，但土地利用率极低。随着城市建设的发展，平面的发展受到了限制，于是，人们就设法向空中和地下发展停车设施。

立体坡道式停车库就是向空间和地下发展的一种。这种停车库一般有 2 至 4 层，利用汽车上下行的坡道来连接各层，从而形成了多层立体车库。

为了增加停车的车位，人们又采用垂直输送设备来替代汽车上下行的坡道。于是，相继出现有托板式、坑下式和多层升降横移式机械停车装置。目前，采用较多的是多层升降横移式停车装置。

多层升降横移式停车装置的结构很简单。它的上层车位托架可以上下升降，下层车位托架可以左右移动，中间层车位托架既可升降又可平移。这样，只要中间层和下层各有一个空车位，就可使车库内任何一辆车自由出入。如停放在三层某个车位的汽车需要开出时，只要通过托板的水平移动，使下层和中间层的空位移至需要出车的车位下，然后使停于三层的车辆降至地面。这

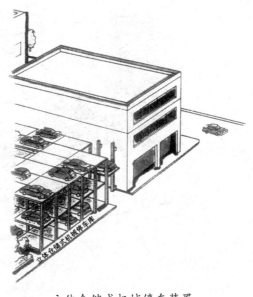

立体仓储式机械停车装置

种多层升降横移式停车装置最先在我国使用。进入 90 年代后，随着电脑智能化管理和自动化仓储技术的发展，人们又创造出了一种自动化仓储式机械停车装置，极大地提高了土地的利用率。

自动化仓储式机械停车装置有平面拼板式和立体式两种形式。平面拼板式仓储机械停车装置就像一块智能化的七巧板，整个运作过程全由计算机控制。驾驶员只要在出入口处的操作盘上输入停车托板的编号，计算机便能控制传动机械装置，用最短的时间将停泊的车辆迅速移到出入口处。出入口处设有一个回转盘，车辆可通过回转盘的转动，完成车辆调头的动作。这样既节省了车辆的调头场地，又方便出车。在此基础上，人们又发展出了立体仓储式机械停车装置，使停车的数量和土地利用率又进一步得以提高。

在发展机械停车装置的同时，人们还设计出了一种充分利用空间高度的停车塔。最早出现的是立体垂直循环式机械停车塔。这种装置采用链条传动，并在链条上等距悬挂可以停放汽车的托板，托板可随链条的转动作升降循环运动，依次停靠在底层的出入口处。

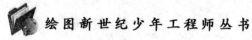
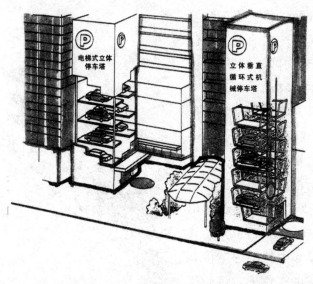

停车塔

　　这种停车方式的停车虽多，用地也省，但它的全部托板悬挂在一条链条上，出入一辆车，整个传动系统就得一起运作。这样，既耗能又易磨损机械部分。为此又出现了一种高科技机电一体化的电梯式立体停车塔，立体停车塔成为现代都市最新式的停车场。

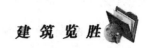

形形色色的地下建筑

从第二次世界大战开始，为了战争的需要，很多军事工业都搬到地下去建设，重要的工厂，如发电厂、自来水厂等关系重大的设施，也搬到地下去了，还有很多的地下防空室、地下指挥部、地下医院等。以北欧的瑞典来说，20世纪60年代末，瑞典全国公民每人平均有地下建筑2平方米，到了90年代末，这个数字增加了一倍。

地下工程的范围也愈来愈广泛，地下水电站修建得相当多，最大的水电站体积容量达到24万立方米，其突出的优点是在最低水位时也能发电。

　　目前，各国普遍在建设地下铁道。现代化的大城市，交通网已经有三层：一层在空中，一层在地面，一层在地下。地下铁道在战争中更为有效，它是不易被炸断的交通线，又能作为大的防空洞，容纳许多城市居民安全隐蔽。

　　随着城市的发展，大城市里能用来建设的土地日益减少，在地下发展街道和商店的兴起，使地下建设开始了新的局面。从单独的、个别的大楼底下的地下商场，发展到在地下修建好几条街道，街道两侧都是商店，形成一个地下商业中心。在日本的东京、大阪、横滨、名古屋等一些大城市的地下，这种商业街道已经纵横交错，繁华的程度并不亚于地面上的商业街道。例如，日本大阪的地下商业街道，已经建设起来的长度有1千米，这和上海南京东路的长度差不多，宽度有50米，高6米，等于两层楼的高度，建造在地面下8米深的地方，总的建筑面积达到38000平方米，有服装、饮食、百货等300多家商店。地下街道光线柔和，温度适中，每隔一段距离有种植花木的花坛，墙壁上画有各种绘画，还有浮雕，而且装有喷水池，灯光交织成图案，环境非常优美。谁会想到它是在很深的地下呢！

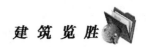

跨海的"欧洲隧道"

拿破仑曾梦想有朝一日，从法国骑着马就能直奔英伦。如今，拿破仑的美梦成真。1993 年 6 月 20 日，首次通过英吉利海峡隧道，从法国开往英国的高速列车"欧洲之星"试车成功，被人们认为是"一个历史性时刻"。

1802年提出的海峡隧道建议

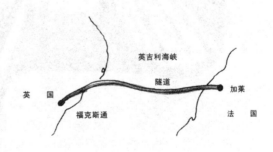

时速达300公里的隧道超级列车，又称"欧洲之星"

横跨英吉利海峡的"欧洲隧道"的主体是三条巨大的管状车道（两条直径为7.6米的火车隧道和一条直径4.8米的服务隧道），全长50千米，其中有38千米是在海床底下。该海峡最深的海床为61米，而海床下30.5米才是隧道通过的地方，施工难度可想而知。近200年来，英法工程技术人员先后进行7700多次探测，采集了3267个海底地层标本，为施工提供了极为丰富和可靠的依据。

　　1987年12月，英法两国各选派5家实力雄厚的专业工程承包公司共8000人，日夜3班从两岸向海峡掘进。隧道于1990年12月1日对接成功，中间接头偏差小于10厘米。服务隧道的对接之所以取得了如此高的精度，是因为采用了当时英法两国最先进的技术。法国方面使用了从卫星到激光的尖端技术，隧道每掘进1米，都由卫星指挥和控制；当两头隧洞相距100米时，先钻一个直径45毫米的小孔，安上测量装置，它每隔1米测量一次水平角和垂直角，并输入电子计算机，再由计算机绘制立体

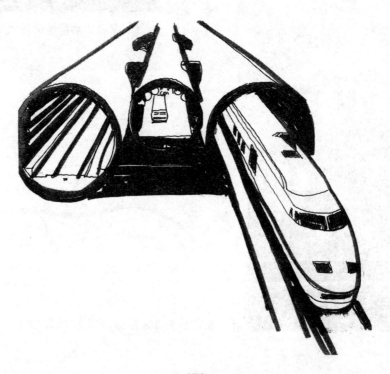

图，然后按精确路线，逐渐地把隧洞打通。此外，采用全自动巨型掘进机，保证了掘进工程的顺利进展。

"欧洲隧道"正式通车仪式于1994 年 5 月 6 日举行。隧道每天有 8 万 5 千人通过，隧道客运量将占英吉利海峡海运总量的 57％，其中 50％是铁路客运，30％是公

欧洲隧道英国一侧的终端车站

路客运，20％是货运。隧道全程通过时间：火车需要 35 分钟，汽车需要 65 分钟，卡车需要 80 分钟。人们乘坐海底隧道列车仅需 3 个小时即可从伦敦到达巴黎或布鲁塞尔，相当于如今坐飞机的时间。

入地下海建筑奇观

　　世界上大规模修建正规的地下建筑不过只有 120 余年时间。世界上最深的地下室达 7 层，如斯德哥尔摩地下国家档案库和纽约世界贸易中心地下室，而明尼苏达州的地下办公和实验大楼，深达 33.5 米，成为世界上最深、最大的地下楼宇。日本 1957 年在大阪建成世界上第一条地下街后，有 10 个城市的地下建筑面积超过 2 万平方米。名古屋车站前地下街分两层，上层是 3300 平方米的百余家商店，下层是地铁车站。全日本最长的大阪彩虹地下街，总建筑面积达 3.8 万平方米。

　　与地下建筑相媲美，又出现了在海里造地，在水面建筑，在水下建库的建筑奇观。人口密集，国土狭小的日本，在填海造地修筑房屋方面捷足先登，成就显著。世界上第一个海上机场是在长崎航空港附近的海

面上,通过水上栈桥与本土相连。世界上最大海上新城——神户人工岛,就是削平神户四周山丘和收集城市垃圾废物,投下 8000 万立方米的山石沙土、垃圾、废料,造出面积达 436 万平方米的建筑用地。1985 年,新加坡在圣淘沙岛外的海面上相继兴建了两座 6 层的海洋旅馆,建筑面积为 15000 多平方米,被游人称为"海中摩天楼"。日本还在琵琶湖底建了一个大米仓库。由于水底温度长年不变,米存在仓库内 3 年也不会霉变和生虫,维生素也不会损失。瑞士日内瓦市中心的罗纳河底有一个水下车库,共有 4 层,每层可容纳汽车 365 辆,洞口有 6 条车道与河岸公路线交叉相连。澳大利亚东北部伯大礁是世界上最大的珊瑚礁群,由近千个屿礁、浅滩组成,政府在海面下开设了一座公园,游览者可以到水下观察室,探索海底奥秘。

近年来,日本在冲绳、高知县、白滨等海滨公园相继建立了海洋观光台。冲绳海上观光台规模最大。它是一个 1 万多平方米的半潜式钢铁

平台，长104米，宽100米，高32米，距海岸400米，有海桥相连。水面部分是乳白色的炫目建筑物，分三层，一层、二层是展览场所；二楼水族馆有鱼、虾、海星、珊瑚鱼展览。地下部分深入海底，是一个透明玻璃的海底隧道。在海底人们可以看到各种鱼类在水中畅游，也可观赏到各种海底植物与贝壳类动物，令人留连忘返。

多姿多彩的地下铁道

地下铁道称得上是近代资格最老的地下建筑。从 1863 年英国伦敦开始使用地铁，到目前全世界已有 60 多个城市拥有地铁，其中莫斯科的地铁运营线路长度居世界第五，客运量居世界第一，纵横地下达 220 多千米，平均每两分钟一趟列车，最高客运1600 万人次。纽约地铁全长

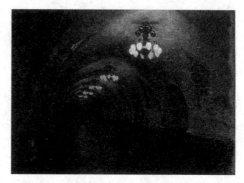

莫斯科塔甘斯卡娅地铁站

1100 多千米，是世界上最长的地铁交通系统。地下铁道是城市建设的重要组成部分，各国在制定地铁线路网络的总体规划时，既照顾到城市的近期发展，也适当预计城市发展的远景，同时考虑到线路与线路的衔接和扩建的可能性。地铁的网络形式很多，常见的有单线式、单环式、多线式、蛛网式和棋盘式几种。

单线式是布置在客流量较集中的一条或几条同方向的街道上，如意大利罗马的地铁；单环式是将线路闭合成环，以便于车辆运行，这样可以减少折返设备，如英国格拉斯可地铁；多线式又称辐射式，使多条线路集中交汇于市中心的一点或几点上，通过换乘站可以由一条线换乘到另一条线，美国波士顿的地铁就是多线式的；蛛网式地铁是多条辐射线

和环形线相结合组成，这种形式运输能力大，可减少乘客的换乘次数，节省时间，避免客流的堵塞，例如俄罗斯莫斯科地铁就采用了蛛网式布置；棋盘式地铁是由数条横向和竖向线路组成，此种形式可使客流量分散，例如美国纽约地铁。

地铁车站是乘客上下车的地方，也是管理车站各种设施和控制行车的地方。车站类型根据性质不同，可分为中间站、换乘站、区域站和终点站几种。如果按建筑结构类型划分，又可分为单拱式、塔柱式、三拱和双拱式车站。

早期，地铁车站都是由个别建筑师设计的，随着建筑业的发展，有更多的工程技术人员和艺术家参与了地铁车站的设计。近30年来，新建或翻新改造的老地铁车站无不刻意追求艺术化。

瑞典斯德哥尔摩的瓦斯特拉·斯戈根地铁站堪称多种艺术形式融合的典范，各站具有不同的风格，如在体育场站内，充满着体育氛围，其艺术风格质朴，主题明确，即使不懂瑞典文，也不会弄错车站。布鲁塞尔的汉卡尔地铁站内，天花板和墙壁上到处装饰着色彩明快，动感极强的艺术绘画。加拿大

多伦多的格伦凯伦地铁站则运用现代化照明系统：光线透过拱顶彩色玻璃倾泻在整个车站大厅，嵌入拱顶的各种荧光灯组成的电子照明系统自动控制着灯光，当列车通过时，灯自动从车站一头依次亮到另一头。美国亚特兰大市中心地铁站充分利用自然光源：两条人行护道上方安装了玻璃拱廊，为装饰拱廊，还制作了成对的彩色钢制雕塑，太阳光通过拱廊玻璃折射进入站内，也可反射出彩色钢制雕塑的缤纷色彩。1967年落成并被誉为"艺术地铁"的巴黎地铁站里，陈列着博物馆所藏名作的复制品。罗马的特尔米尼地铁站内的壁画都是真正的古典艺术精品。在墨西哥城的皮诺·苏亚雷兹地铁站，一尊金灿灿的祭坛令人啧啧赞叹，这是哥伦布以前时期美洲大陆寺庙里的古文物——阿兹台克人（墨西哥土著人）的金字塔。莫斯科地铁的164个车站，各有独特的建筑风格，根据前苏联15个加盟共和国的民族特点及名人、历史事件为主题，分别用大理石、花岗岩建造优美的雕塑群、浮雕、壁画，有"地下宫殿"的美称。

会旋转的大楼

　　雄伟的悉尼大桥与白净的贝壳形悉尼歌剧院是澳大利亚悉尼市的城市标志。而澳大利亚一个著名建筑设计事物所，设计了一幢新颖独特的大楼，这座建于悉尼港口能自转 360 度的建筑，将是继悉尼大桥和悉尼歌剧院之后，澳大利亚又一幢举世闻名的建筑。

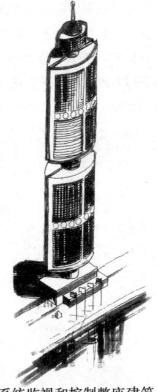

　　自转大楼的建筑呈椭圆形，可随太阳方向慢慢转动。整座大厦的每一房间均可欣赏到四周的景色，大厦还有太阳能发电装置，以补充建筑用电。大厦的旋转系统固定在钢筋混凝土的结构上，运用机械传动技术使建筑旋转。大楼内部还有可旋转 180 度的弧形电梯。这座建筑具有三个系统：第一是建筑管理系统，这套系统监视和控制整座建筑的功能，包括能源、电梯、保安设施、电信，以及空调等；第二是办公自动化系统，它包括文字、数据和图像处理服务、中央咨询服务、档案管理、与海外联机检索数据服务等；第三为通信系统，通过使用光纤微波与卫星技术，使自转大楼与世界各地通信中心建立声像和数据传输的联机能力。使信息的传递不受时间和空间的限制。

无独有偶，美国达拉斯海特摄政旅馆，它的建筑一侧建有170米高的"电光蒲公英"似的高塔，塔顶有一个会旋转的旋转餐厅。它的轮廓丰富，外部变幻的灯光给人以神奇有趣的印象。

旋转餐厅的外部罩了一层装有许多电灯的球状网架，到了夜晚，灯光闪烁，并由电脑控制变换花样。旅客夜间坐在旋转餐厅内，建筑内外变幻多姿的灯光和天弯的繁星浑然一体，使人恍如置身在太空银河之中。用电脑控制的"电光蒲公英"，不仅成为旅馆的明显标志，而且成了达拉斯城市的象征。

屋顶能开启的体育馆

多伦多体育馆的屋顶开启过程

在第二次世界大战后的几十年中，由于新材料和新技术的应用，大跨度建筑有了突出的进展。在五六十年代用钢筋混凝土薄壳与折板结构来覆盖大空间的做法多种多样，其中尤以欧美国家和日本发展最快。其特点是对建筑要求的适应性强，便于施工制造，表现为结构形式的绚丽多彩，覆盖面积增大。

大跨度薄壳结构是体育馆建筑常用的结构形式，但它也有不足之

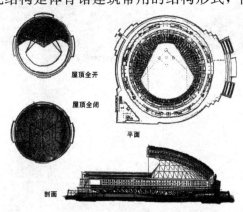

福冈棒球馆平面图、剖面图

外，如采光通风效果较差。为克服这一不足，日本在福冈建造了屋顶可以开启关闭的棒球馆，建筑直径 212 米，高 84 米，屋顶由计算机控制半开启、全开启或全关闭，全过程只需 20 分钟，而且噪声很小，机械动作十分灵活。巨大的球壳形屋顶显示了新世纪的风采和大都市的风貌。

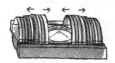   

水平重叠式　　　上下重叠式　　　水平折叠式　　　上下折叠式

　　福冈棒球馆富于变化的圆形造型，使人们联想到高山、白云和彩虹。当天气晴朗打开屋顶，阳光直射比赛场地，适合人们追求大自然的心态；下雨或下雪时，屋顶封闭，人们仍可以在室内继续进行比赛，观众也可免受风雨之苦。

　　福冈棒球馆还有完善的自动化管理系统，在建筑管理系统中有设备和屋顶开启系统的控制中心，它包括空调机最佳起动、热源机最佳控制、温湿度自动调整、室外新鲜空气量换气控制、屋顶设备运转的控制，以及停电时和恢复供电时的对应控制功能系统；在设备监视方面，有对电力设备、卫生设备、电子计分器、比赛显示器的监视功能；还有停车场管理和消防控制、火灾感应报警、自动防火检查、自动灭火等功能系统。正因为有上述管理自动化的功能系统，使这座建筑体现出经济性、舒适性、高效性、安全性的功能特征，成为名副其实的智能化体育建筑。

　　除福冈棒球馆的屋顶开启方式外，还有水平方向平移式开启屋顶和悬挂篷布形开启屋顶形式，这些新工艺、新技术改变了传统体育建筑的面貌，令人耳目一新。

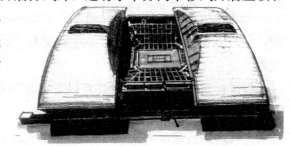

有头脑的建筑——智能建筑

在当今信息化社会的时代里，出现了一种建筑，它像人体结构一样具有聪明智慧的头脑和感觉敏锐的神经系统。房子怎么会有头脑呢？其实一点也不奇怪，因为这种房子是智能建筑，它们有智能化的功能。在这种建筑中的所谓头脑就是这个建筑物的中心部分——电脑，它统一指挥和监控着建筑物中的每条不同功能的神经，并通过这些神经末梢的各种感觉器官，及时处理由神经中枢——头脑发出的各项指令，使工作或生活在这类建筑物中的人们享有最舒适的室内环境、最优化的工作条件、最高效的办公工具、最快捷的通信设备、最方便的管理手段。

具有"头脑"和"神经系统"的建筑表现出了非凡的功能。它们具备各种适应现实情况而自动应变的能力，这些能力总的归纳起来就是通信自动化、办公自动化、设备自动化（其中包括消防自动化和保安自动化），以及建筑管理自动化。

上述各项自动化功能都是通过电子技术、信息技术和光技术来实现的，同时体现了现代信息社会各项新技术、新结构、新材料、新工艺等成果的综合应用。

智能建筑的设计和功能具有以下突出特征：改善和优化建筑的功能，提供比室外更为舒适的室内环境；建筑布局组织的高度实用性和合理性；建筑构造高度有效的气密性和隔绝性；建筑对内外信息传递的高便捷性和精确性；建筑管理的科学性和安全性等。这些又都有赖于数字和模拟电子信息处理技术，在调节数据交换通信以及整个信息传输系统的管理和监控中的有效应用。

工作在智能建筑内的工作人员，可以采用电子计算机、交互式电视机、可视电话、电传机、传真机、电子邮箱等的电子通信工具与国内外庞大的信息网络系统，实现世界范围内的业务联系和对话交流。

譬如，可以利用遥控的电子银行来自行办理银行的金融、财政、纳税以至收付款等各项业务；利用电子信箱传递各种文件、信件，既迅速及时，又准确无误。如果一旦要开某些全国性的会议，只要到时间打开交互式电视机或可视电话机举行电视会议就行了。

智能建筑是一种安全性能很高的建筑类型。一旦发生盗贼入侵，

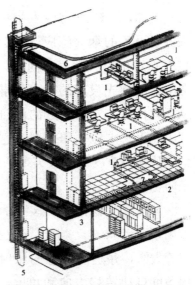

智能建筑内分区规划中各层办公、设备用房及配线示意图

1. 办公区（会议室及工作站）

2. 计算机及前端处理机用房区

3. 数字型专用式电话分组交换机及局域网、配线盘用房区

4. 设备机房区

5. 局域网线路配线

6. 吊顶内配线

7. 双层地板内配线

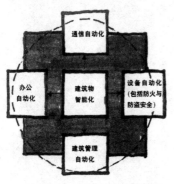

智能建筑物的构成与功能

预先设置在门、窗、走廊的电视监视器，或电子探眼的保安传感器，或光纤通信装置，使建筑物内的有关报警系统启动，便会自动向监控管理中心发出报警求救信号和警铃声，使附近的警卫、保安人员能在最短时间内迅速采取行动。

又如，当建筑物内发生火灾时，在火源处设置的烟火感应器便会自动向监控中心发出火灾信号，同时，一方面火源附近的预先设置的灭火喷淋装置会自动灭火；另一方面就近的消防机构能立即收到火灾求救报警信号，这时消防车便以最快的速度赶到火灾现场进行灭火、消防工作。

智能建筑物的窗外装有的自动调控遮阳板或者阳光反射板，会在一年四季对着太阳，并追随太阳的照射位置和照射角度自动转移方向和角度，按要求调整满足各房间对阳光的需要。这样就克服了因建筑物朝向造成的房间阳光过少或夏季过晒的问题。

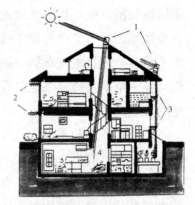

建筑物利用阳光遮阳板和阳光反射镜可以调控室内遮光和采光

1. 阳光受光器

2. 阳光遮阳板（可以根据阳光强度自动翻转）

3. 阳光反射镜（可以根据阳光位置和角度自动翻转）

4. 地下层部分

功能齐全的智能住宅

有头脑的智能住宅能为住户提供安全、可靠、方便和舒适的条件。

在智能建筑内住户可利用电子计算机、电视机等通信工具，通过各类服务网络系统来满足人们在生活上的各项需求。譬如，当想买什么东西时，不必再上街逛商店，坐在家里在电子计算机的远程终端面前撤一下按钮，就可选出由社会组织网络所提供的每期更新的商品供应目录，在屏幕上大逛电子商场。此时，屏幕会逐一显示出各种商品的名称、款式、材料、价格和样品图像等资料。当商品目录的排序排列到所需购的某一件商品时，只要将遥控器指向商品的代码，按一下按钮以确定购买就可以了。电子计算机通过你的电子银行帐户自动付款后，商店就送货上门。

类似这种电子购物的联网系统，现已逐步扩展到选看电影、看戏、看球赛、图书馆查书、借书、买火车票、订飞机票、预订旅馆客房等方面。

此外，只要将家中的电话线路通过耦合装置，用一部远程终端机与指定的医院的电子医疗网络系统联网，住户不出门也能看病、诊断和取药。患者可以把自己的病情、原有诊断书、化验报告，以及 CT 检查图等资料直接通过电子医疗网络系统在终端屏幕上与指定的医院及医生事先进行预约，或者当时直接联机对话来求治。医生可以通过患者所提供的各种医疗数据、病情图形、自诉情况进行定时、定期的遥控，或者监

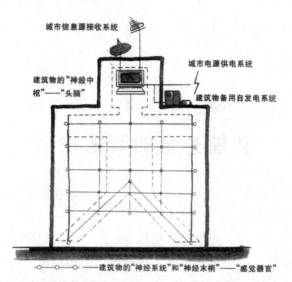

有"头脑"和"神经系统"建筑物的模拟图形

控治疗。患者通过电子银行付款或在网络系统预付的存款中进行结算。医院就以密封的快递邮包于当天将治疗诊断书、处方、药品寄到患者家中。

智能住宅内安装有各种传感装置，能自动调节空气、光线、温度和湿度。

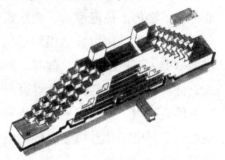

21世纪未来的智慧型公寓建筑，一幢建筑相等于一座城市（采用盒式预制构件构成）

譬如说，当天快黑了，这时室内的照明灯具便会按需要自动地点起来，并随着天逐渐变黑的程度，灯光也会慢慢地提升到预先确定好的最合理的照度、亮度、色温和一般色指数等，并且还能根据照射对象的方位不同，控制好灯光的方向性和扩散性，以避免令人讨厌的眩光和阴影。

每当天气有冷、热、阴、晴，或者刮风、下雨、下雪等情况时，这种建筑物的室内小气候也会随着室外气温、相对湿度等的变化情况来自动调节好室内相应所需要的气温，甚至调节室内表面的平均辐射温度、相对湿度、空气流动速度、空气洁净度、新鲜空气量等，从而创造出最舒适的室内气候环境，保证人们的身心健康，以提高工作、生产的效率。

未来的智能住宅还能帮助主人把家务劳动减轻到最低限度。比如，只要输入一项命令，电脑装置就会自动操作开窗换气、吸尘或洗碗。

在功能齐全的智能住宅里，住户将能实现"在家办公"的理想，不仅可以大为提高工作效率，还将大大缓解日益拥塞的城市交通状况。

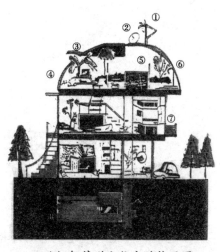

21世纪智慧型小住宅的构思图

①风力发电系统　②电视天线　③太阳能发电系统　④调光玻璃　⑤可变式反光镜　⑥活动玻璃屋罩　⑦阳台　⑧自动化嵌壁式仓库　⑨家庭电子计算机中心、数据库、网络控制站、能源自控装置　⑩家庭用小电梯（图中说明：首层为卧室，二层为起居室和厨房，三层为书房和多用途空间，地下室为库房和电脑自控中心）

"建筑新世纪"的建筑

　　"建筑新世纪"是建筑师对即将进入 21 世纪的建筑风格和建筑特点的命名。1999年6月23日，在北京召开了第20届世界建筑师大会，通过了《北京宣言》。大会名誉主席李瑞环在大会上提出了 21 世纪建筑的四大原则，一要寻求人与自然的和谐发展；二要注意在全球化进程中保持民族传统和地域特色；三要坚持既立足现实又面向未来；四要做到建筑学科与其他学科的紧密结合。在这四大原则下，建筑学家们提出：生物材料、复合材料、高清晰电子屏幕、虚拟现实装置，都可能作为一种特殊的建筑材料广泛运用于建筑之中，而信息技术和数字化技术正把城市和农村、社会和国家改变成一个全球网络。

在建筑新世纪中环保生态建筑、智能建筑将是未来建筑的主流；追求艺术性和人性化，是与会专家就城市设计要尊重地球、尊重生态环境、尊重传统民族文化达成的共识。《北京宣言》中提出：技术的发展必须考虑人的因素，建筑要人性化。21世纪的新建筑应当讲究环境保护和智能化，也应当追求艺术性和人性化。

在信息时代，住宅也会使用圆顶和弯顶结构。建筑师和施工人员用单个或多个同样的单元结构组合在一起，使住宅更为诱人。这种结构是利用自行装配的新技术对多层片状板材加工而成的，因此，它与传统的住宅结构一样经济。这种新的建筑与老式的楼房建筑错落交融，会形成一种奇特的景观。

在居住单元内部，空间要求将更具个性化。建筑内部不仅仅是需要装潢，还需要配备有智能设备。在建筑的结构中装有各种传感元件，并由这些传感元件组成一个网络系统，可用来探测各主要结构的受力、变形、沉降、开裂及其各种情况。此外，各环境探测元件互相连接，可用来监测房屋的空气温度、湿度、污染情况、能源消耗情况。所有这些信息都会送入信息中心处理机，从而就可以确定建筑物的"健康"状况，避免意外事故的发生。

在多季风的中西部城市，将会出现倾斜的建筑，而其内部结构却是传统水平垂直的，其外观使人感到惊奇、有趣。这种倾斜建筑将会得到人们的认可，以至一些办公楼、高层住宅、旅馆等都可能采用这种倾斜建筑型式，使建筑更具有抗风的能力。

　　在南方炎热的地区，建筑物的结构、造型、式样将更具特色，将展示出一种曲线化的风格。在设计图里，曲线多于直线，窗户则是圆的或椭圆的，也可能是自由式多边形的，传统习见的那种线条分明的矩形窗户已很难找到了。

水晶般的玻璃幕墙建筑

那些外表由无数块晶莹明亮的玻璃所覆盖的大楼，一眼望去，好像水晶宫殿一样。人们把它叫做玻璃大楼，建筑师称之为"玻璃幕墙建筑"。

玻璃墙像帘幕那样悬挂或镶贴在建筑物的表面上，起着围护作用。

整个建筑物装上玻璃幕墙，前后左右各个立面就像一面面拔地而起的巨大镜子，光亮照人，反射外部的景色，展现出一幅幅连续的、流动的绚丽画卷。远处的青山绿水、高处的蓝天白云、近处的车水马龙和熙熙攘攘的人群，都分别从不同的角度映照在镜面上。随着一年四季、日月星辰的变化，镜面上的"图画"亦不停地变幻着，建筑物仿佛"溶化"在自然景色之中。

然而，当你走进玻璃幕墙大楼里面的时候，却是另外一番景象。那种以往的、习以为常的一堵堵墙壁霎时从视野中消失了，身居楼中，环顾外部景色，一览无余，无比广阔的空间尽收眼底，真是壮观极了。

为什么玻璃幕墙有如此奇特的功能呢？原来，玻璃幕墙的表面有一层很薄的金属膜，这层膜从外面看具有镜子的特点，照出了外部景致，而从里面看则与窗玻璃一样透明。因此，幕墙既是一种高效能的墙体，又可看做是超级落地窗户。

双层玻璃幕墙的中间，还有一层 6~12 毫米厚的密封空气层，具有良好的保温隔热作用。因此，住在玻璃幕墙的大楼里，冬暖夏凉，十分

舒适宜人。

　　大楼里面间隔房间采用的是像"松糕"一样的泡沫玻璃。它质轻、可钉可锯、五颜六色，使房间更加雅致大方。如果办公楼的天花板也用玻璃镶成，那么，从楼上往下看，下面房间里的一切便可一目了然。这种玻璃天花板加入了可以导电的金属氧化物，利用"场致发光"原理，电流通过时能发出和普通日光灯相似的柔和光线。所以它既是天花板，又是"日光灯"。当夜幕低垂，华灯齐明时，整个玻璃大楼宛如一座水晶宫殿，为城市的夜景增添了光彩。

　　玻璃幕墙建筑除了新奇和美观以外，它还具有重量轻、设计施工简便、生产效率高、节省材料和施工工期短等优点。

　　由于玻璃幕墙建筑改变了建筑物雷同化的结构造型，令人耳目一新，因此，它一问世便引起较大轰动。20 世纪 70 年代以来，已成为颇负盛名的建筑流派。在世界各地一座座玻璃幕

墙旅馆、饭店、商场及办公大楼相继出现。

　　我国较早建成的玻璃幕墙大楼有北京的长城饭店、广州白天鹅宾馆的镜面玻璃餐厅、上海的联谊大厦等。深圳的国际贸易中心大厦，主楼有 48 层，160米高，是目前我国最高的玻璃幕墙建筑物。

建筑绘画无需笔和墨

建筑绘画是建筑设计的重要组成部分，画画不用笔、纸和颜料，只需按按键盘？这似乎难以想象，但在电脑普及的今天，已成为奇妙的现实。

计算机辅助建筑设计不但使建筑师能从繁杂的重复的劳动中解放出来，将更多的精力投入到方案的构思和推敲上，而且还是建筑师实现其设计意图的一个强有力的助手，可以绘制出非常逼真的彩色渲染图。

利用计算机辅助建筑设计，操作者只要输入平面数据，计算机便会自动生成三维立体图形。这样，建筑师可以很容易地像搭积木似的建成自己的建筑模型。由于是立体的图形，建筑师可以任意选择角度观察模

型，推敲方案，并可方便地修改方案。

设计方案时，建筑师可以利用计算机强大的模拟功能，模拟各种色彩、质感、点光源、环境气氛等，使方案达到逼真的效果。

在建筑绘画中，最主要的光源是太阳，太阳的照射角度在设定位置上和设定的时间是一定的。根据这一原理，计算机提供一种模拟功能，可以在地球上任一位置来模拟一年四季的光照情况。这样，设计人可随时把握自己方案的光照情况。除了阳光还有人工照明，点光源以任意的形状、任意的亮度放在任意的位置上，计算机都会一丝不苟地计算出各光源对建筑表面光线特性的影响，精确地描绘出建筑的光影变化。

在建筑绘画中，对环境气氛的设置和渲染是很重要的，不但是对主体建筑尺度的衬托，也是对建筑功能与造型的有力映衬。计算机可以发挥其自身存储量大的特点，将各种事先存入数据库中的建筑配景，如各种汽车、树木、标志、人物，随意调入，并可根据图面调整配景和位置。

另外，还可将拟建场区周围的现状摄入摄像机，然后转入计算机里，调整建筑模型透视角度，使之与环境现状吻合，这样做出的渲染图完全反映建筑方案建成后的真实情况。

设计一座房屋

　　右边的图是一张建筑师的设计图。图中画出房子内、外看上去的样子。利用这份设计图先做一个房屋模型，并想想看需要多少房间？这些房间都用做什么用途？

　　由此可见，计算机技术已为建筑师提供了一个强有力的建筑辅助设计手段，可以毫不夸张地说，计算机辅助建筑设计技术的出现，是建筑设计史上一场真正的革命。

实 践 篇

　　建筑离不开建筑材料与施工技术。如果这些实际问题不解决，无论结构如何合理先进，也构不成建筑物。

　　不同的材料有不同的力学和物理性能，有的坚固而耐久，有的则不然。如木材很容易加工为建筑构件，但与石材相比其耐久性就差了。中国传统的木构建筑物，留存至今最古老的是山西五台山南禅寺，建于公元782年；而古希腊的石构建筑，如波赛顿神殿至今已2400年了。

　　由于科学技术的发展，人们不但以混凝土代替石材，而且在混凝土构件内放置钢筋，使它受力更合理。钢筋混凝土这种人工材料，坚固耐用，可塑性又大，可以做成各种各样的构件。全钢结构的建筑材料，比钢筋混凝土材料更轻更强，百层以上的摩天大楼都是用全钢结构建造的。

　　现代科学技术也提供了各种新的施工机械与施工方法，加快了施工的周期与进度。

什么是建筑设计

建筑设计是建筑艺术与建筑技术两者结合的产物，它既应具有艺术审美的特点，还应具有可操作的技术性能。

在楼房施工前，由建筑师根据业主的要求，进行初步设计、技术设计和施工图设计。

初步设计即决定设计的基本方案，如建筑的平面布置，水平与垂直

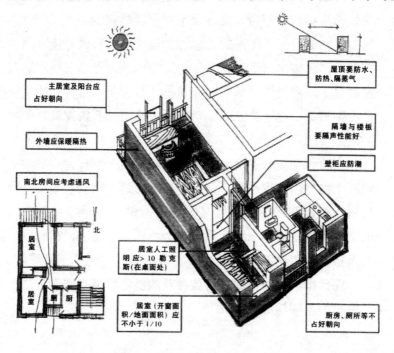

主居室及阳台应占好朝向

外墙应保暖隔热

南北房间应考虑通风

北

居室

居室 厕 厨

居室人工照明应>10 勒克斯(在桌面处)

居室(开窗面积/地面积)应不小于1/10

屋顶要防水、防热、隔蒸气

隔墙与楼板要隔声性能好

壁柜应防潮

厨房、厕所等不占好朝向

交通的安排，建筑外形与内部空间处理的基本意图，建筑与周围环境的整体关系等。

技术设计是在基本方案的基础上作进一步的推敲和改进，研究建筑的局部处理和构造作法。最后是施工图设计，就是将前阶段的成果用图纸的方式表现出来，供施工之用。

建筑设计是一项综合性很强的工作，它涉及的知识面很广，一个建筑师可能会遇到各种各样的设计任务，如住宅、旅馆、办公楼、剧场、医院、展览馆、体育馆等的设计。

建筑设计需要知识和技巧两个方面的本领，没有广泛的基础知识，就没有进行设计的基础；而没有一定的设计技巧，就无法将一定的设计资料转变为有形体，变成既实用又美观的建筑设计。这正如一个熟知修辞法和创作理论的作家，如果没有一定的写作技艺，仍写不出好文章一样。

建筑设计中要解决各种矛盾，设计意图的实现最后都将表现为图纸上的具体形象。比如一个小学校，教室的长、宽形状是否适用，与走廊的联系是否方便，结构的布置是否合理乃至楼梯的坡度、门窗的大小等。所有这些问题的决定，都离不开具体的形象。至于建筑的美观问题，大到建筑整体的造型比例、空间关系，小到一个线脚纹样，当然更是如此。所以，建筑设计主要不是一种逻辑的推理，而是一种形象的推敲与造型艺术。

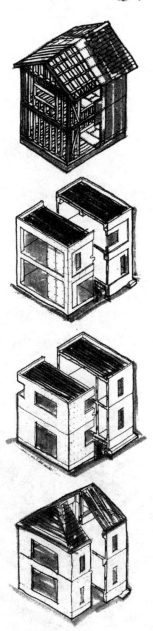

楼房的结构与使用功能

　　房屋是由哪些基本部分组成的？各个部分都起着什么作用？它是由什么材料做的？又是怎样建造起来的？

　　我们日常接触到的各种不同用途的建筑物，如厂房、商店、饭店、学校、住宅等，虽然它们的外形、大小、平面布置、使用的材料和做法都有不同的差别和各自的特点，但这些建筑物都是用屋顶、墙、地面围成的空间，使人们能在里面从事各种活动，同时避免或减少外界风、雨、寒、暑的影响。这是各种建筑物的共同点。屋顶、墙、地面等是各种建筑物都具有的组成部分。尽管房屋的外形、构造有各种各样，但其各个组成部分在抵抗外界因素作用，在建造作法，在使用材料等方面都是有规律可

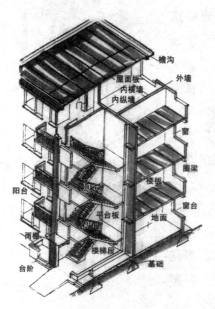

楼房组成部分示意图

循的。

下面首先来解剖一幢典型的房屋——住宅，分析研究它的各个组成部分，从中找出共性的东西。

从图（上页左下图）中可以看到房屋各个组成部分和它们的名称。屋顶、墙、楼板、基础是房屋的主要组成部分，楼梯、门窗、室外台阶等是房屋的次要组成部分。

屋顶和外墙组成了整个房屋的外壳，主要用来防止雨雪、风砂对房屋内部的侵袭，夏季隔热，冬季保温。这些作用概括称为围护作用。为了采光和通风，同时又能遮蔽风雨，需要在墙上开窗。

楼板在房屋内部用来分隔楼层空间，它既是下层房间的顶板，又是

上层房间的地面。为了上下楼之间的联系，需要设置楼梯。

内墙把房间内部分隔成不同用途的房间（如居室、厨房、厕所）和走廊。室内、室外与房间之间既要能联系，又要能隔开，就要在墙上开门。

有些组成部分还要起承重作用。楼梯要承受人与物的重量和自重。墙要承受外面的风力、屋顶楼板传给它的重量和自重。所有这些重量最后都要通过基础传到地上。

一般建筑常用砖、石、混凝土或灰土等材料做基础，砖做承重墙，钢筋混凝土做楼板、屋顶，也有用木材做楼板、屋顶。

房屋的建造与结构

　　人们常用大兴土木来表明建造房屋不是件轻而易举的事情，它意味着要耗费大量的材料、人力，并需要一定的技术。

　　建筑的物质技术条件主要是指房屋用什么建造和怎样去建造的问题。它一般包括建筑的材料、结构、施工技术和建筑中的各种设备等。

　　结构是建筑的骨架，它为建筑提供合乎使用的空间，并承受建筑物的全部重量，抵抗由于风雪、地震、土壤沉陷、温度变化等可能对建筑引起的损坏。结构的坚固程度直接影响着建筑物的安全和寿命。

钢筋混凝土框架

升降机

水泥浆泵

　　柱、梁板和拱券结构是人类最早采用的两种结构形式，由于天然材料的限制，当时不可能取得很大的空间。利用钢和钢筋混凝土可以使梁和拱的跨度大大增加，是近百年来所常用的结构形式。

　　随着科学技术的进步，人们能够对结构的受力情况进行分析和计算，相继出现了桁架、刚架和悬挑结构。

如果我们观察一下大自然，会发现许多非常科学合理的结构。生物要保持自己的形态，就需要一定的强度、刚度和稳定性；它们往往既是坚固的，又是最省材料的。钢材的高强度、混凝土的可塑性，以及多种多样的塑胶合成材料的出现，使人们得以从大自然的启示中，创造出诸如壳体、折板、悬索、充气等多种多样的新型结构，为建筑取得灵活多样的空间提供了条件。

无论采用上述哪一种结构形式建造房屋，最终都要把重量传给土壤。一般情况下房屋重量的传递有两种方

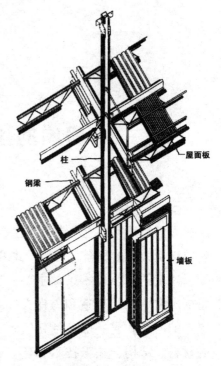

建筑结构轴测图

式，即通过墙传到基础或通过梁和柱传到基础，这就是通常所说的承重墙体系和框架体系。

承重墙结构一般由砖、石砌成。各种混凝土的大型砌块和墙板是比较先进的承重墙材料。

我国古代建筑的木构架是世界上成熟较早的框架体系。目前较为理想的框架材料是钢筋混凝土、钢或铝合金，它们能够建造几十层乃至上百层的高楼大厦。

中国传统建筑的基本特征

中国传统建筑外形上的特征是最明显的，它们都有屋顶、屋身和台基三个部分，各部分的外形与世界上其他建筑迥然不同。这种独特的建筑外形，完全是由于建筑物的功能、结构和艺术高度结合而产生的。

传统建筑主要是采用木构架结构。木构架是屋顶和屋身部分的骨架。它的基本做法是以立柱和横梁组成构架，四根柱子组成一"间"，一栋房子由几个"间"组成。

在传统建筑中有一种特有的结构叫斗拱。它设置在大型木构架建筑的屋顶与屋身的过渡部分，是由若干方木与横木垒叠而成，用以支挑深远的屋檐，并把其重量集中到房屋立柱上。斗拱在我国传统建筑中不仅在结构和装饰方面起着重要的作用，而且在制定建筑各部分和各种构件的大小尺寸时，都以它做度量的基本单位。斗拱随着时代的发展逐渐演变。早期的斗拱比较大，主要作为结构构件。到了近代它的结构功能逐渐减少，变成了很纤细的装饰构件。

传统建筑的重量都是由构架承受的，而墙不承受重量。民间

广西恭城县周渭祠门楼斗拱局部

有句谚语叫做"墙倒屋不塌"。它生动地说明了这种木构架的特点。

中国传统建筑,一般都是由单个建筑物组成的群体。这种建筑群体的布局除了受地形条件的限制或有特殊功能要求外,一般都有共同的组合原则,那就是以院子为中心,四面布置建筑物,每个建筑物的正面都面向院子,并在这一面设置门窗。规模较大的建筑则是由若干个院子组成。这种建筑群体一般都有显著的中轴线,在中轴线上布置主要建筑物,两侧的次要建筑多作对称地布置。个体建筑之间有的用廊道相连接,群体四周用围墙环绕。

传统建筑上的细部装饰大部分都是梁枋、斗拱、檩椽等结构构件经过艺术加工而发挥其装饰作用。传统建筑运用我国工艺美术及绘画、雕刻、书法等方面的卓越成就,建筑外观丰富多彩、变化无穷,具有浓郁的传统的民族风格。

广西恭城县周渭祠门楼局部

建筑模型制作

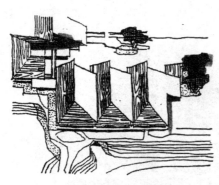

木板或三夹板模型

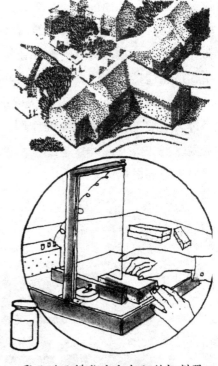

聚乙酸乙烯乳液和电阻丝切割器

　　建筑模型制作是现代建筑设计手段之一，它能准确反映建筑的空间与尺度。建筑模型能表现一项建筑设计，观赏者能从各个不同角度看到

建筑物的体形、空间及其周围环境，因而它能在一定程度上弥补图纸的局限性。

现代建筑的复杂的功能要求，先进的科学技术与巧妙的艺术构思常常产生难以想像的形体和空间，仅仅用图纸是难以充分表达它们的。建筑师常在设计过程中借助于模型来酝酿、推敲和完善自己的建筑设计创作。当然，作为一种表现技巧的模型，它也有自己的局限，并不能完全取代设计图纸。

建筑模型按材料分类：石膏条块或泡沫塑料条块；三夹板、木板或塑料板；硬纸板或吹塑纸；有机玻璃、金属薄板等。要求高的模型可用有机玻璃、三夹板或硬纸板制作。

结合空间造型设计进行简易模型制作练习，一方面能提高建筑师的想像力和创造力，加深空间构图概念；另一方面将使建筑设计更趋完善。用硬卡纸制作建筑模型是最常见的方法，它的制作材料便宜，制作较简便。

材料与工具是硬卡纸、一般卡纸、小刀、剪刀、胶水等。

先将建筑的各个立面与顶层平面按比例地画在硬卡纸上，比例可选 1：100、1：150 或 1：200，用小刀将它们刻下来，注意在端部留 1 厘米的长度作为搭接粘贴部分，按照长短要求弯折纸条，由内到外，先大块后细部地进行粘贴固定。

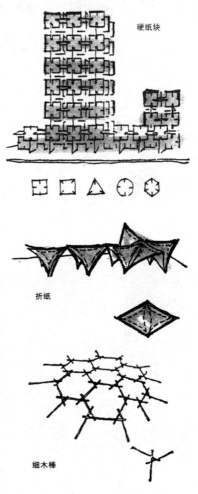

硬纸块

折纸

细木棒

做一个木底座，将制作好的模型固定在底座上，再用绒线或地毯制作草坪，用铁丝和玻璃珠做路灯等，装配完毕后在建筑表面刷广告色。

　　模型的制作可以培养建筑师的艺术审美能力和自己动手制作的能力，是一种较好的动手与动脑的训练方法。

用泡沫塑料块作空间造型设计举例

建筑的工业化施工

　　建筑工业化就是采用现代化的科学技术手段，以集中的、先进的大工业生产方式代替过去分散的、落后的手工业生产方式。它的主要标志是建筑设计标准化、构件生产工厂化、施工机械化和组织管理科学化。

　　早在本世纪初，就有一些建筑工业化的设想和实践，但都没有得到推广，直到第二次世界大战以后，由于战后缺房，劳动力不足，旧的生产方式已无法满足发展生产的迫切要求，同时战后经济的快速恢复和发展为工业化提供了物质基础，发达国家逐步出现了建筑工业化的高潮，形成了建筑业的一次深刻的变革。

　　实行建筑工业化有两种途径：一种是按照标准定型设计在工厂中成批生产各种构件，然后运到工地，以机械化的方法装配成房屋；另一种

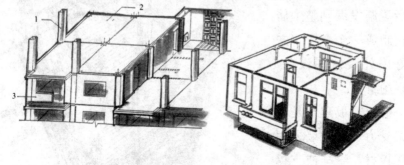

轻架轻板住宅示意图（板柱体系）

1. 柱　2. 楼板　3. 外墙板

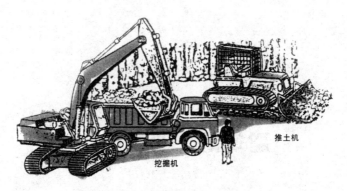

推土机

挖掘机

平整场地

是在现场用工具式模板以高度机械化的方法施工，代替繁重的手工劳动。预制装配的建筑类型主要有砌块建筑、大型壁板建筑、框架轻板建筑、盒子建筑等。现场机械化施工的建筑主要有大模板建筑、滑模建筑等。

装配式壁板建筑是将各种构件，如墙身、楼盖、屋盖等都在预制厂中制作成大尺度的板材，然后运到工地用机械化方法装配成房屋，通常简称大板建筑。

把预制构件扩大到整个房间的盒子构件，称为盒子建筑，最早只是盒子卫生间和厨房，以后逐渐发展到整个居室预制成一个盒子，并做好内外装修和设备，到现场组装。

框架轻板建筑是以框架受力，内外墙采用轻质板材，悬挂或支撑在框架结构梁板上。建

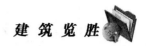

筑布局灵活，能满足使用的多样化的需求。

　　大模板建筑就是用定型的大面积模板在现场浇注混凝土墙体的建筑。这种工具式模板用钢板、胶合板或塑料等板材作面层，通过混凝土泵或料斗进行浇注，这样就以高度机械化代替了繁重的手工劳动。

　　建筑工业化把分散的、零星的手工生产方式转变为集中的、成批的、持续的机械化生产。它不只是施工方法的革新，而且是整个建筑业的一次深刻的革命，它极大地提高了建筑的劳动生产力，产生了很好的经济与社会效益。

自己组装住宅

　　过去，几天之内建造一幢住宅，只能是天方夜谭式的梦想，而现代科学技术的发展，使这种梦想变成了现实，在发达国家中，有条件的家庭，自己到专业商店定购组装式住宅构件，自己组装并装修住宅，已是常见的事情了。

　　装配式住宅的各种构件是在工厂预先按一定规格加工生产的，有多种组合形式，可组装大、中、小多种类型的住宅。住宅的构件尺寸是按照一定的建筑模数的规定，开间、进深、层高采用扩大模数的尺寸。房屋构件适合工厂制造、加工、运输和吊装，充分利用加工厂的各种设备生产。它的用材有木板结构、铝合金板结构、钢板结构和加强石膏板或混凝土板结构。

　　卫生间和厨房因为有上下水道和电器等，一般是预先生产的标准的盒子，它包括室内装修和器具的安装，这些工作都是在工厂内做好的，

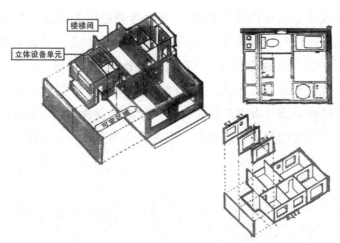

买来后运到工地上整体安装。这样的做法，既解决了组装中的困难，又保证了质量。预制卫生间和厨房大多采用高分子化学材料制作，如玻璃纤维加强的聚酯材料或金属骨架配以轻质防火板材。

　　组装式住宅的设计特点是平面有不变部分和可变部分。楼梯间、卫生间、厨房为不变部分，居室客厅为可变部分，经过不同的需求进行拼装组合，使这种装配住宅具有美观多变的建筑外观。

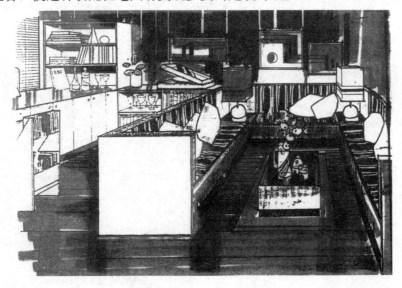

装配式住宅的室内外装修的工业化趋势是用干法施工代替湿法施工，能在工厂进行的都在工厂预先装修好，尽量减少现场装修的工作量。最后一道工序是安装门、窗，以及安装电器电线等。

　　组装式住宅只需几个人就可以在一两天内装配完毕，由于造价低廉，施工简便，很受人们的欢迎。我国的沿海发达城市，也在进行这方面的尝试，不久的将来，这种住宅形式将会得到广泛的应用。

未　来　篇

　　未来，这是一个何等诱人的字眼。人总会在对未来的憧憬和对过去的缅怀中产生激情，然后在今天的现实中奋起。那么，当我们走完了这过去的漫长的数千年建筑之路后，我们会向往些什么呢？当然会想到未来的城市与建筑。

　　展望未来的城市和新建筑，人们的生活将完全摆脱外界气候的影响。智能住宅、生态住宅……上天、入地、下海……

　　我们将建设更多更美的新城镇，我们要借助新的科学与技术，去创造更美好的未来。

建造无毒的房子——生物住宅

当你选择新居时，你是否考虑到那可能是一幢有毒的房子呢？德国生物住宅建筑学家指出，传统住宅所使用的化学物质和无气孔的混凝土，还有潜伏在地基底下的地球射线，都可能危害人体健康。如果你希望保持身心健康，你可以要求建筑师设计一种对你和环境均很保险的"生物住宅"。生物住宅完全以天然资源——木材、黏土或砖制造，并以无毒物质涂敷或盖色。它们通常包含太阳能湿度管制系统或绝缘保温的冬季花园。这类住宅在破土之前通常经过勘查，以确定没有地下水脉和

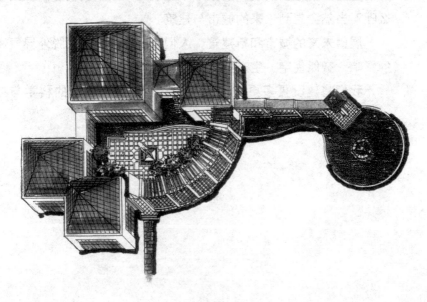

地球磁场的干扰。

有一位居民对上面说的这种理论表示怀疑，可是在租了一幢生物住宅之后他说："我们患伤风、得病的次数少了。"可见生物住宅对保护人们的健康确实有利。

在德国，对环保问题的关切，已为有利生态的产品如"生物洗衣粉"和"生物蔬菜"等，创造了一个蓬勃的新市场，而其中以生物住宅最受重视。

兴建一栋生物住宅的费用根据住宅大小、使用建材和暖气系统而不同，但这类住宅往往较普通住宅昂贵，德国境内总计约有 2000 栋生物住宅。当年德国土坪根镇建筑师艾伯开始兴建生物住宅时，曾被视为标新立异。可是，现在这些由纯天然资源建造的住宅日趋普遍，已造就出

新的流派设计师——生物建筑师。

这一潮流甚至已扩大到建立"生物住宅区"——社区住宅计划。第一批生物住宅区包括 110 间公寓，需要大片的土地。建筑师的目标是建立一个非常理想的使居民不想迁离的社区，这样将可减少租户的流动，降低整修房子的费用。目前生物住宅社区正在德国各地迅速兴建。

未来的生态城市建筑

　　早在 20 世纪的 20 年代，就有建筑师借助生态学过程的类比，来解释人类的种种居住模式。60 年代初，意大利建筑师曾设计了仿生城市，他建议建造大树状的巨型结构，以植物生态形象模拟城市的规划结构，把城市各组成要素，如居住区、商业区、无害工业企业、街道广场、公园绿地等，里里外外、层层叠叠地密置于此庞然大物中。

　　在仿生城市中，其中间主干为公共建筑与公共设施以及公园。从主干向周围悬挑出来的是四个层次的居住区，空气和光线通过气候调节器透入中间主干。居住区部分悬挑出来的平台花园可接触天然空气与阳光。

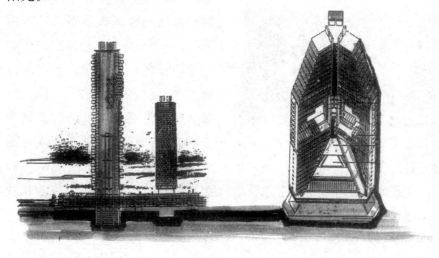

建筑生态学是以所谓微缩化理论为基础，把土地、资源和能源紧密地结合在一起。建筑师构思出一座可居住 600 万人口的多功能超巨型摩天楼生态城市。这是一种对特大城市的微缩，像大规模集成电路那样紧凑高效的集成化生态城市。

阿科桑底城是生态城市的实例。它位于美国亚利桑那州凤凰城北 112 千米处一块 344 公顷的

未来城市的地下交通网络

土地上。整个城市为一座巨大的 25 层、高 75 米的建筑物，可居住 5000 多人。楼内设有学校、商业中心、轻工业厂房、文化娱乐设施等。城市建筑和暖房用地 5.6 公顷，其余的 338.4 公顷土地则用作为种植绿色植物，成为环绕城市的绿带。

建筑师认为，阿科桑底城将显示出人类可以和自然共同生活而不引起伴随现代城市环境而来的对自然的破坏和浪费。城市用地仅为一个 5000 人标准城市所需用地的百分之二。在城市内部没有汽车，全部的食物、热源、冷源和生活需要都可以通过建筑设计和运用某些物理学的效应而得到。这个城市在食品和能源的供应方面将是自给自足的。

生态城市是理想中的未来城市的最好模式之一，人们正注视着这种城市建设的进展。

梦幻未来的建筑

人们对未来的建筑有着浓厚的兴趣，它将是什么样的结构，什么样的形式呢？未来建筑又是怎样与城市建设结合起来的呢？

各国建筑师对未来的建筑形式有着许许多多的设想。

英国建筑师的设计方案为"穗上的籽粒"。它的中心是钢筋混凝土井筒，其中放置电梯。在每一楼层有两只末端带有挂钩的悬臂，上面悬挂着塑料的壳式居住单位，就像是悬挂在树上的鸟笼。

美国建筑师设想的未来大楼像一个大书柜，但是"架上"放着的不

外形如跳蚤的建筑

是书籍而是住宅盒子，这些住宅单元是预
制好的，由直升机送来，用专门的机械装
上。住宅可以替换，像我们在家俱用旧后
加以更换一样。这种大楼的承载结构是固
定的，这是稳定的部分。还有一种塔式蜂
窝楼房，在每个蜂窝里装进一个住宅单位，好
像是一个独立的小院，较好地解决了楼层居民
的相互干扰的问题。房屋可根据住户的需要随
时更换，有利于解决城市人口增长快、用地紧
张等问题。

悬浮建筑

　　建筑师们还设想了一种吊房，它的中心是
一根宽大的钢筋混凝土井筒，其中可以设置给
水排水管道、电梯、楼梯与卫生部件等，管子
的上面固定着一些钢缆，钢缆上悬挂着用轻巧
结实和保温材料做成的楼板和墙壁。宽大粗重
的井筒承载着压力，细长的钢缆承载着拉力，
发挥了各自材料的特长，应力分布十分合理。

悬持式吊房

悬拉结构房屋

　　悬浮建筑是一种高空悬挂房屋，在地面上架
起一根根高大的立柱，上面绷紧着坚固的缆网，
人们可以悬挂所需要的一切，当然也可以悬挂住
宅。在城市的地面上布置公园、树林、花园和湖
泊，人们居住在空中，可以到地面上散步和进行
各种活动。

花蕾形房屋

　　悬拉结构的房屋由六个多层结构排列
成一圈，它们倾斜地由设置在不同高度上
的坚固金属网联结着，这些网绷得紧紧的

斜拉式住宅

成为坚固的结构，悬拉部分为公共设施，如饮食店、体育馆、电影院、
俱乐部等。此外，还有一种悬拉结构的房屋，像一株植物，或者像一颗

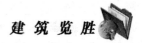

迎着阳光含苞欲放的大花蕾，房间布置在花蕾的花瓣上。

　　建筑师还设想出了奇特的倾斜式房屋方案。在很长的地段上伸展着一系列用坚固的轻巧材料制造的居住房屋，建筑是倾斜的，中间是多层金属网，网上挂着多层的街道，屋顶由透明材料制作，室内明亮又保温，在这中间设置了为小区服务的公共机构和生活设施，还有室内庭院和花园。

　　展望未来的城市和建筑，人们为创造舒适的居住环境和工作环境，将建造大量能防避灼热的阳光、躲避严寒和风雪的新型建筑，这种建筑是由各种形式的走廊和现代交通工具联结而成的，人们的生活将不受外界恶劣气候的影响。

憧憬美好的未来城市

从古到今，人们都憧憬着美好的未来。对城市未来的研究有种种的设想。

20世纪初美国人凯姆勒斯设想了在屋面上连续运行的车辆交通系统。

1910年法国发明家赫纳德设想城市的建筑物立在高支柱上，交通系统是环状的，飞机在屋面上降落。60年代以来，在世界新技术革命的冲击下，城市的规划和建设面临着更复杂和更紧迫的挑战。社会经济、文化、科技每前进一步，都将在城市规划上反映出来。

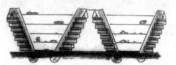

阿基格拉姆设想

阿基格拉姆是60年代初几名英国青年建筑师组成的英国先锋建筑师小组，他们提出"阿基格拉姆"的未来城市设想，把建筑与城市问题缩为一个信息形象。这种设想叛离传统建筑观念，充满了科学幻想。

阿基格拉姆于1964年设计了一种插入式城市，可在交通设施和其他各种市政设施的网状构架上插入有似插座的房屋，它们的寿命一般为

40年，可以轮流地每20年在构架插座上由起重设备拔除一批和插上一批。也就是说，随着生产、生活的剧变，科学技术的进步，城市里的房屋和各种设施可以周期性地进行更新。

同年他们又设计了步行城市模式。这是一种模拟生物形态的金属巨型构筑物，有望远镜形状的可步行的腿，可在汽垫上从一地移至它地。在此基础上，又设计了各种可动建筑、可动城市。

建筑师认为，未来建筑可以是活动安装式的，所在环境也可以是临时租赁的，可以适时移至另一环境，所谓建筑物也就等于一个标准式的包装外壳，既不需永久性定居点，又可以尽量不改变定居点的原来自然生态面貌。

1970年有位建筑师提出空间城市的方案。在大地上构筑起一个柱间距为60米的空间结构网络，在这个网络上可被装上活动安装式的各种房屋，可创造各种生活与工作环境。

建筑师们纷纷提出了各种未来城市的方案设想。有的设想从土地资源有限考虑，拟上天入地、进山下海，以建设海上城市、海底城市、高空城、悬吊城、地下城、山洞城；有的设想从不破坏自然生态考虑，以移动式房屋与构筑物建设空间城市或插入式城市；有的从模拟自然生态出发，拟建设以巨型结构组成的集中式仿生城市；有的设想从其他角度提出其他方案。它们的共同点是具有丰富的想像和大胆利用一些尚在探

索中的尖端科学技术。

新陈代谢理论与未来城市

日本建筑师丹下健三提出了新陈代谢的设计理论。他把社会纳入从原子到大星云的宇宙生成发展过程中，采用新陈代谢这一生物学的术语，把建筑设计与城市建设看做是人类的生命力的外延，反对过去那种把城市和建筑看成固定的、自然进化的观点；认为城市与建筑不是静止的，而是像生物新陈代谢那样的动态过程；主张在城市和建筑中引进时间因素，明确各个要素的周期，在周期长的因素上装置可动的周期短的因素，以便过时的建筑单体或设备可随时撤换而不影响其他单体。

丹下健三明确地提出了建筑结构的灵活性与可变性、长周期与短周期的结合方式、主要结构与次要结构的构成及其取代系统、从单人尺度到多人尺度以至超人尺度的连续构成，以及城市的交往网络对建筑的渗透、建筑物内部交往空间的构成等一系列问题。

运用新陈代谢的理论，建筑师提出了东京 2000 年规划设想。在这个规划中，改变了东京城市结构的基本骨架，把它从一个封

未来城市典型的剖面图

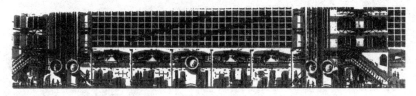

新陈代谢理论与未来城市设想的典型的立面图

闭型的中心放射系统转换为一个开发型的线型发展的城市的结构，交通运输及建筑构成一个有机整体，并确立一个能反映现代社会自身机动性的城市空间。

都市轴线由平行的高速公路组成。

都市轴线是一组平行环状交通系统，分成三层，轴线中央规划有中央机关、技术情报中心、交通控制中心、商业服务中心，以及文化娱乐设施。随着城市的扩大，都市轴线可不断地向前延伸。都市轴线的两侧，布置生活居住单元。

海上城市构想

日本建筑师菊竹清训，设想在水深约 6 米的平坦海底，设置数万个正方四面体结构，由此组成基础，在这个基础上建设上部构造。这种城市空间的构造是，先把正三角锥体的公共场所固定在下边，然后再架起桥型空间，把好几个单元连接固定起来，再在单元的上部重叠高层建筑空间。另外，固定拴住浮动广场，最后用交通空间把这些单元空间连接起来。

在池袋城市开发计划中，建筑师提出高 500 米、直径 50 米的塔状共同体。这个居住塔，具有支持 1250 户的居住单位的共同体构造，使之

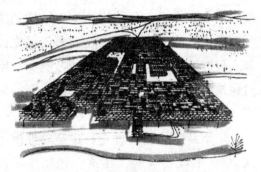

弗里德曼设想的空间城市

能支持起现代家庭生活的多种要求。在居住塔中还可以设置生产工厂。在塔的下方建造六七层房屋以配备停车场、杂务场所、商店等公共设施。

建筑师构想的夏威夷海上城市，以同心圆的空间结构组成。内侧一圈以高层单元组成中心区域，有旅馆、办公、居住、大学、商业、文娱设施，外侧用海洋博览会会场的空间来包围，其组成的单元是广场。广场上部是薄膜结构的低层单元，伸入海面的撑柱部分装上消波装置。

矶崎新设想的空间城市

描绘未来的城市蓝图

在21世纪到来之前，人们都在憧憬21世纪的城市将是什么样的？在联合国第二次人类住区大会上，联合国人类住区研究中心专门举办了10场讨论未来城市的研讨会，包括中国在内的各国专家，各抒己见，描绘了未来城市的建筑蓝图。专家认为，未来的城市将是紧凑型、光能型和立体型的城市。

在专家们的眼里，未来的城市将是紧凑的，这种紧凑的城市结构由很多的中心构成。在每一个中心内，住宅不仅同工作场所，而且还同商业区、娱乐区、托儿所等生活设施结合在一起。这样，在每个中心内，不必乘坐汽车，居民只要步行或者骑自行车就可以满足日常的生活需要。

玉米棒型的立体城市

专家们指出，科学技术将在未来的城市交通管理中发挥重要作用，随着新技术的不断涌现，未来城市的交通模式可能会发生较大的改观。

联合国人居中心的专家说，在不少国家里，能大量载客的有轨电车日益发挥重要作用，这种有轨电车是新型的城市轻轨交通形式，它可以由电脑遥控而无人驾驶，在交通部门劳动力成本较高的国家颇受欢迎。另外，目前还出现了一种铁路、公路两用车，这种车既能在铁轨上行驶，又能开上公路，兼具火车和汽车的优点。

科学家认为，紧凑的城市布局将能最大限度地利用城市空间，并可以将对汽车的依赖减少到最低程度，从而达到减少污染、保护环境的目的。

英国的科学家认为，一个太阳能化的时代将取代目前的工业化时代，未来的城市将是太阳能化的城市。

专家们一致认为，可持续发展将是未来城市规划和设计的指导原则，环境和社会经济的可持续发展是密不可分的，未来城市的规划在尽可能地与生态协调一致的同时，也不能忽略城市中的生活与就业等问题。未来城市的各种设施应该对每个人都是均等的，城市的每个居民都享受住房、健康和受教育的权利。从这个意义上说，未来的城市还将是公正的、充满希望的城市。

日本清水建设公司是日本最大的一家建筑公司，十分重视工程技术的研究。公司的技术研究所专门设立了宇宙开发研究室，致力于对未来技术的研究。他们从工程建设和为其服务的有关项目两个方面对于宇宙城市的开发进行各种研究，并作出了具体方案。他们对

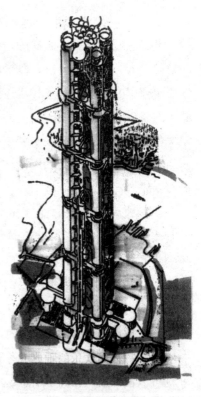

立体型的城市

日本 21 世纪后的城市所做的设计方案既大胆而又有实现的可能。他们以高新技术为支撑，根据多年的精心研究，设计了金字塔型构架的空中

立体城，这种巨大的建筑物，不仅有众多的室内空间、完善的交通系统和各类设施，人们必需的阳光、绿化也都融进了这个庞然大物之中。

此外，清水公司还设计出建在海上的浮轮式海上公园——人工岛方案，构思奇巧新颖，别开生面。

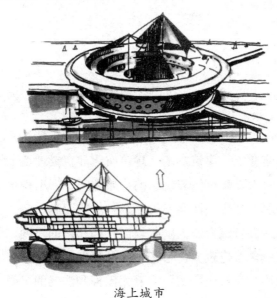

海上城市

后 记

　　漫长的人类文明历程，远逝去多少梦幻般的历史情景，在这自然与社会的时空演变中，建筑技术、建筑文化却执拗地留下了它的轨迹。

　　建筑在这一人类赖以休养生息的物质空间中，透视出历代文化的精神和意蕴，显现了时代、社会、民族、艺术的内涵。

　　建筑造型的自身魅力令人陶醉，而它那和谐的尺度、色彩和质感的美的形态，更蕴含着建筑文化与艺术的品味。

　　威严而神秘的埃及金字塔包容着太阳神和法老的灵魂……

　　静穆而欢乐的雅典卫城面对着爱琴海，吟唱着美和自由的歌声……

　　雄浑而严整的中国故宫傲视环宇，恒古不变地演奏着宫商之乐……

　　高耸入云的摩天大厦浸润着科学技术，引导人们跨入新世纪之路……

　　观古今于须臾，抚四海于一瞬。以古今营造及东西方建筑艺术为基础，历经由上古建筑、洞穴茅屋到现代建筑的知识巡礼，竭诚为少年读者构织建筑的起源、演进和发展的画面，这就是本书的主旨，希望少年朋友们从中能得到启迪。

乐嘉龙